贝页
ENRICH YOUR LIFE

猫咪秘史

从史前时期到太空时代

［美］小猫芭芭（Baba the Cat）

［美］保罗·库德纳利斯（Paul Koudounaris） 著

李磊 译

A Cat's Tale

A Journey Through Feline History

文汇出版社

谨以本书献给那些开创了历史的不屈不挠的小猫，
以及那些不横加干涉、任其为之的智者。

目 录

引　言

一只博学的小斑猫邀你踏上大冒险之旅

人类总喜欢说自己很难理解猫。鉴于事实也证明这对你们这个物种来说是个挺伤脑筋的问题，容我先澄清一点：我们喵星人彼此间是很容易理解的，所以要是觉得在理解我们方面遇到任何挑战，那症结肯定在你们身上。还有，我就直说了吧，人类以为自己理应享有了解我们的特权，这可不是一般的自以为是。

不过，我必须承认，多一点了解也没什么坏处。从你们翻开这些书页就看得出，你们的初衷还是值得称道的，好奇心也很充分。所以我愿意帮忙，给你们那点可怜的知识储备补补货。我敢说，你们若真想了解猫，那可就来对地方了，因为喵星人当中还没有谁像我这么专注地研究过我们自己呢！

噢——但是你想知道些啥呢？

也许你想让我谈谈猫的品种，解释一下一只猫的皮毛斑纹为什么能让它成为价值不菲的奖牌赢家，而另一只猫的皮毛斑纹却让它的待遇跟流浪儿差不多？或许回忆一下动画片和电视节目里的那些名猫才能满足你？或者还有更过的，有些在网络上走红的猫，靠一些滑稽动作受到了数百万人的追捧，猫脸都印到了短袖衫上，要不说说它们？

这些话题都是人类感兴趣的，但其中也有个难题：如果你想知道的就是这类事情，那么你并不是真的想了解猫！谈这些只会暴露出你自己的小心机，因为它们全是人的发明，猫一点兴趣都没有。我们干吗要关心猫毛的光泽是不是跟育种手册上的一样呢？我们可不会这样相互评判。另外，我们对卡通角色也不感兴趣，它们都是用来表现粗鲁的人类行为的工具，人类把这些行为投射到猫身上只是为了取乐。那些被你们奉为名流的猫又怎样呢？它们能敲响收银机上的铃，但对于正儿八经的猫咪状况，它们提供不了一点线索。这些空洞的刻板印象，暗示着我们这个物种存在的原因就是可爱，能供人类消遣——但凡有尊严的猫都不会屈尊参与这种讨论。

如果你真想了解我们，那就有必要把你熟悉的话题放到一边，并转而重温我们的故事。这是一段起始于很久以前的传奇故事，那时，我们就是自然界中骄傲的一员，漫步于原始森林之中，而人类的生活和野兽也并没什么不同。在这趟穿越千年的曲折旅途中，你（在我们身上）所发现的爱和荣光，乃至英勇精神将不会逊于任何已知的物种。在众多大名鼎鼎的喵星人之中，那些成就斐然的杰出者即使在无数个世纪之后依然留下了巨大的爪印。然而也不要以为这当中没有伤痛，因为我们的故事所讲述的苦难和损失已经远远超出了合理的程度。

"等会儿，芭芭，这是要讲猫史吗？"你问得好像这是个多么奇怪的话题。你们人类太自我了，以为过往都掌握在你们手里，仿佛历史完全是人为的产物。在人类的叙述里，你们独揽历史之功，却几乎不提其他物种的贡献，其实要是没有它们的协助，你们肯定会一事无成。要我证明自己的观点吗？如果谈起亚历山大大帝，你们讲的都是他取得的最伟大的胜利，创下的那些让人心潮澎湃的功业，数不清的书籍里都写满了他的事迹，但你们当中有多少人对布赛佛勒斯（Bucephalus）[1] 也怀着同样的敬意呢？

如果你对这个名字还有点印象，那肯定也会觉得这不过是匹效力于伟人的坐骑。但我要问你了，这匹"不过如此"的马是不是驮着亚历山大完成了每一次远征？是不是与它的人类同伴一样英勇，冒着生命危险在狂风中冲向战场？然后，在它的人类同伴遇险之时，它是不是也以同样的决心带着他奔向了安全的地方？双方相互信任，每每同甘共苦，他们至少也算是搭档吧。如果你

1　亚历山大大帝（公元前356—前323）的宝马。——译者注（如无特殊说明，本书脚注均为译者注。）

只想用个随从的角色来打发这匹马，那就问问你自己，要是没有布赛佛勒斯，亚历山大会在哪儿呢。哼哼，我来告诉你吧：他会困在马其顿（Macedonia）[1]，我可不觉得他能一路步行到印度，然后再从那儿走到埃及！

所以你看，在缔造历史的过程里，所有物种多少都出过一臂之力，或者一爪、一蹄之力。每个物种都有自己的传奇历史，而且它们之间也存在着无可争辩的联系。猫和人类尤其如此，因为我们和人类之间的历史联系是最密切的。文明伊始，我们就已经陪伴在你们左右了。你们用双手把我们捧到了诸神的宝座上，让我们从高处见证了你们最伟大的荣光。我们和你们一起经历了时光的流逝，共同迁徙到异域他乡。时至今日，我们依然厮守在你们身旁。

话虽如此，我们的历史征程还是一直被人类所忽视。在你们看来，我们最伟大的成就也不值一提。你们现在总把自己看作我们的监护人，把我们都当成了一些不能自理的动物，没有你们，我们就会迷路，这种见识真是既好笑又无礼。只要我们凝视窗外或冲向一扇开着的门，你们就会低声说："可别让那只可怜的猫跑出去了！"要按你们的看法，我们在这世上连一分钟都活不下去。真希望你们能了解一下我们都克服过什么困难！说真的，我怀疑

1　亚历山大所属的希腊城邦。

最强壮的人只怕也没有普通流浪猫所具备的那种天生的生存技能。

有人觉得我们就是些温顺的小动物，但只要翻开这些书页，这种念头就会一去不复返了。我会给你介绍一些猫，它们不仅周游过全球，而且还一路飞向了太空（别让猫跑出来这套实在是够了，对吧？）；有些猫在世界大战中坚守岗位，在人类的军队中选择盟友，为自己赢得了勇士勋章；还有些猫的英勇事迹也受到了不少吹捧。为什么呢？特里姆（Trim）在18和19世纪曾乘船行经了七大洋，被公认为是世上最知名的航海猫。为表敬意，人们给它竖了四座雕像。就算是最英勇的人类又有几个能与之相比？

没错，朋友们，如果你们真的想了解猫，那我们的故事肯定会颠覆你们对猫的成见。如果你觉得我们自私，那么这些猫的故事里有一打证据可以向你证明我们的忠诚，猫为了所爱的人甚至愿意冒生命危险。如果你觉得我们懒惰，那些走过数千里危险旅程的猫的故事也可以毫不含糊地驳倒你。怀疑我们影响力的人都会发现，我们陪伴过一些文艺界和政界的顶尖人物，激发他们取得了那些最伟大的成就——也往往卷入了他们的阴谋之中。

同样，那些认为我们的生活舒适无虞的人会发现，我们忍受过任何物种都闻所未闻的污蔑。我现在要提醒一下你，这本书里可不是只有欢声笑语。把我们高高举起的那双手，后来还会把我们扔回最绝望的深渊。我不会为了礼貌而隐瞒我们所经历的不幸和磨难，也不奢望你在我讲述的过程里丝毫不觉冒犯。但我的同类们都很有韧性，最后我会让你们瞧瞧现代猫是怎样战胜那些厄运的投石和飞矢的——等你读到那儿的时候，这场胜利可能就会逼着你进一步审视那只坐在你客厅里的小猫了！

所以现在我必须得问，在知道了我事先警告过的一切之后，你还想了解我们喵星人吗？你还愿意追寻我们的道路吗？如果是这样，那我就伸出猫爪做你的向导。我会带你穿越那些久遭遗忘的世纪，让我们的故事在你面前徐徐展开。我们将航行到一片在远古的太阳下泛着金光的平静水域，穿过动荡时代的岩岸，驶入通向现代世界的湍流。一段恢宏之旅正在酝酿，但启航点已经不远。是否选择出发自然是由你决定，不过都走到这一步了，我还是建议你赶紧去码头吧！只要翻过这一页，我们就将踏入一片至浓的时间迷雾。

黄金时代

The Golden Age

我们喵星人和人类的盟友关系可谓由来已久，虽然你们把"人类挚友"的称号留给了汪星人，但我有几条理由可以让你们改变看法。事实上，考古学的证据已经表明，猫陪伴人类的时间至少不亚于狗——或者这么说吧，猫和人类结成的伙伴关系比货币古老，比人类使用金属的历史还要悠久，甚至比书面语言还要古老。这种关系可以追溯到文明的本源，我们可以理直气壮地说，要是没有我们帮忙，你们的文明大概也走不了多远。人类太骄傲了，所以你们肯定觉得我这是虚张声势。但考虑一下你们伟大的祖先在这件事上的看法吧，他们就非常感激我们的存在，以至于认定我们是神灵的代表。我的朋友们，咱们已经走入了一段辉煌的岁月，人类正和猫一起从最渺小的起点迈向超乎想象的高峰。

　　早期人类的猫咪伙伴都是利比亚猫（*Felis silvestris lybica*）[1] 的

1　利比亚猫，也称非洲野猫。

后代，这是在近东和北非发现的一种常见的野猫，我们的这些先祖只比现代家猫稍大一点，皮毛是带斑点的黄褐色，它们绵延了无数代，但外观和我这样的斑猫并没有太大区别。不过我们家猫虽有很多长处，我也不得不承认，拿我们跟小利比亚猫相比，对它们来说还真是个不小的折辱。它们拥有野猫才具备的狡猾和敏捷，以及与其体形不相称的强大力量。现代猫偶尔也能带回些蜥蜴啥的，人类对这种能力相当佩服，但你们会发现利比亚猫掌握的技能足以让我们汗颜。

可为什么利比亚猫没有成为一种凶猛且危险的猎手呢？经历了将近 1300 万年的进化，这类猫已经逐渐很好地适应了它们所处的环境。而我们家猫则反过来声称是它们的直系后代，人类都只能算我们的晚辈。相比之下，智人只有区区 30 万年的历史，所以我们要是偶尔表现出傲慢，那只好拱爪抱歉。但有一点我们很清楚，我们已然经受了时间的考验和打磨。为了打破你们的一个普遍的误解，我还要声明一点，大型猫科动物是在 300 万年前才进化出来的，所以如果你们有谁觉得家猫就是狮子或老虎的缩小版，那最好再想想。在猫科动物里，大个子都是小个子生出来的。

还有一个问题可能也是你们需要重新考虑的，那就是人类驯化了我们。不好意思，事实是我们驯化了我们自己。利比亚猫无需你们的帮助就能生存，而且它们可不是笨蛋，你肯定没法哄骗或强迫它们跟你做伴。不如说是它们自愿地进入了你们的社区，在认识到猫和人之间可能存在一种互利关系后，它们才同意留下来。其实比起"驯化"，我更喜欢用"伙伴关系"这个词，就像我在引言里说过的，毕竟这更接近事实，对吧？不过我还是先给你讲个故事吧，看你是否赞成。

那是在史前时代末期，也就是新石器时代，美索不达米亚地区（Mesopotamia）[1]的人类开始从事农业，这一发展产生的影响甚多。首先，为了满足农业需求，你们就不能再游手好闲了，还得建立起最初的城镇和村庄。哎呀，要是见过那些挤在一起的用泥土和树枝搭成的棚舍，你们的自尊心不知会多受挫呢——啧啧，你们简直就是住在浮夸的河狸巢穴里哟！但我也要夸夸你们的优点：你们出色地照料好了自己的庄稼，储备了那么多余粮，这最终会改变你们自身乃至周遭所有物种的演化路径。

大鼠和小鼠就是其中之一，关于它们狡猾多端的恶行，我们的故事还会讲到好多。要从你们的余粮里捡出些东西实在是易如反掌，不久它们就被引诱到了你们的住所周围。按人类惯例，你们肯定还没想通呢。你们非常精明地考虑过庄稼的生长，但从没想过会有其他的什么玩意儿也想吃掉它们！于是在毫无防备的情况下，你们被打了个措手不及。你们很难发现这些贪婪的

1　美索不达米亚是古希腊对两河流域的称谓，两河指幼发拉底河与底格里斯河，地理位置包括现今的伊拉克、伊朗、土耳其、叙利亚和科威特的部分地区。

小蟊贼，它们悄无声息、行动敏捷，想拿什么就拿什么，还经常毁坏其他东西。

所以你们绝望了。但不会持续太久，因为小利比亚猫提供了一个解决方案。如果你们不欢迎那些啮齿动物，利比亚猫会很乐意从你们家里带走它们。老鼠是它们很重要的一个食物来源，这你知道，并且，既然猎物都聚集在一些可预测的地点是一个不可否认的有利条件，于是它们也开始聚集到你们的定居点来了。当然，它们一开始对你们人类还是很警惕的。平心而论，你不能怪它们。用猫的眼光来瞧瞧你们自己吧。你们的块头真是大，甚至堪称巨大！你们用两只脚笨拙地走来走去，在更灵巧的物种看来，你们不过是些笨蛋，更讨厌的是你们的嗓门也挺大。我还不至于说你们粗鲁，但你们必须承认，你们主宰周遭世界的时候缺乏敏锐性。

还好小利比亚猫并不缺乏胆量。它们敢于接近你们的居所去寻找猎物，而且在这个过程里还发现了一个额外的有利条件。为了自身的安全，你们一直在消灭村庄周边的那些危险的大型哺乳动物，结果为较小的捕食者们打造了一个安全港。这是个猫咪们可以繁衍生息的地方，利比亚猫意识到了这点！在你的势力范围内，它们成为顶级猎手，不但享有了充足的野味，大型动物的威胁也受到了限制。当它们干掉那些糟蹋你粮食的啮齿类动物时，猫和人类间的共生关系也就此奠定了基础。

当然，即便双方能互惠互利，也不意味着通往住宅和壁炉的道路能多么迅速而轻易地走下去。就像利比亚猫不愿相信出了名善变的人类，史前人类对它们的疑虑也不是一星半点。你们伟大的祖先很清楚，尽管野猫体形较小，但它们可都自带了锋利的爪牙。如果利比亚猫一挥爪就能掏出老鼠的内脏，那它对人类的手又会造成什么伤害呢？

还好，虽然存在这样的忧虑，双方的关系还是热乎起来了。毕竟你们最不希望看到的就是我们离去，不然那些啮齿动物又要泛滥成灾。所以，要是我们打猎打得好，你们就会给我们留一点残羹剩饭，以确保我们逗留在附近。对史前的猫来说，加工过的碎肉看起来特别古怪，不过相当美味，而且这些食物奇迹般地出现也让猫生轻松了许多，所以利比亚猫接受了这番好意。人类和猫科动物正变得越来越依赖对方，这个过程发生得太过缓慢了，我怀疑双方是否意识到这一点。猫的感情肯定是要慢慢赢得的，对于小利比亚猫来说，这需要好多个世纪。然而随着双方关系日益密切，最终结果还是确凿无疑的。

请允许我保留一点浪漫的幻想吧，我想象中的这个历史性突破大约发生在一万年前的伊拉克或叙利亚，那是一个破烂不堪的村庄的边缘。比如在午后的某个时刻，日头正高，田野被晒得暖暖的。我想象着一个男人正向人类领地外的一片灌木丛望去，那儿就是他世界的边缘，再往外便是野生动物们的栖居之地。就在

他窥视那片阴影的时候，他发现好些明亮的眼睛也在注视着自己。它们无处不在，隐匿于灌木丛和枝杈之中：几十双发着闪闪绿光的眼睛，形似杏仁。他对这些眼睛并不陌生，他和其他村民以前都见过无数次了，这些眼睛属于那些以掠食庄稼的啮齿动物为食的动物。

接下来突然发生了一阵骚动，在爪忙脚乱的声响中，这些眼睛都消失了。它们在人瞥见自己的时候总会这样。但这次有些不同。这次……有一双眼睛没动。这双眼睛看起来充满了胆量，不畏缩，也没放弃，就在这阴影中回望着那个窥视灌木丛的男人。这男人弯腰蹲下来，他从没像现在这样清楚地瞧见那双眼睛。怀着恐惧而兴奋的心情，他张开手掌向前伸去。就在他前方，在他领地的最边缘，那是小利比亚猫。噢，若说人类对阴影中的那些眼睛感到好奇，又有多少代利比亚猫和它们的亲戚会对栖在田野中的这些高大吵闹的动物感到好奇呢？满怀着同样的恐惧和兴奋之情，它鼓起勇气向前迈了一步，从灌木丛里冒了出来。

男人的手掌开始往下放。慢慢地，慢慢地，哎哟，真是慢得很——他知道那爪子有多厉害，他可不想挨挠。与此同时，利比亚猫也昂起了头，手掌轻柔地落在它的双耳之间。只是摸了一下，手指便掠过猫脖，滑到了背部。哇，一种全新的感觉！这男人的手，曾因劳动而磨破，长满了老茧，现在为这种软乎乎、毛茸茸的毛皮带来的感觉欣喜若狂。而且……这就够了！利比亚猫又钻进了阴影中，男人的手指只余虚空，两个紧张的拍档只是轻轻触碰了一下便匆匆挥别。这场邂逅结束得如此之快，仅仅是一瞬间。谁能想到这么简单的一个手势就让两个世界永远改变了呢？

此类场景在近东和北非的村庄一遍遍地上演。小利比亚猫又返回了那片灌木丛的边缘，它站在阴影前面的那块地方，心中已无防备。那男人也转身来到自家田地的边缘，这时他已经知道那些爪子不是用来对付他的，所以也不再那么警惕，他用手摸了它好一会儿。它的亲戚们也接踵而至，触摸变成了爱抚，爱抚变成了搂抱。最终，这男人邀请利比亚猫到他的领地来定居。利比亚猫逐渐习惯了人的手掌和它提供的舒适感，于是也就把自己独立的天性抛到脑后了。

因为捕鼠，这两个完全不同的物种结成了一个本不可能结成的同盟，而北非的尼罗河沿岸正是有可能结成这一同盟的地区之一。数千年来，非洲南部丛林深处涌出的这股湍流一直不断裹挟着沿途肥沃的淤泥奔向北方。这条河沿着河床起起伏伏地流入地中海，绵延4000多英里（约6400千米），途中要蜿蜒穿过撒哈拉大沙漠，这是一片干旱荒芜之地，然而在尼罗河沿岸却是另一番景象。沿河流沉积的淤泥雕刻出了一条郁郁葱葱的走廊，动植物都可以在这里蓬勃生长。四处迁移游荡的猎人和牧民们发现了这片天堂，并在此安家，到公元前4000年，他们开始种植庄稼，建立永久的定居点，就像他们在近东的同胞一样。

我敢肯定你们知道这个故事的第二章：他们建立的村庄逐渐繁荣起来，最后统一为埃及，在3000年里一直是世界上最伟大的文明。不过这一章还要等到千年后的将来才会开启，而且谁都料不到那个辉煌时代的起点可并不是那么吉星高照的。那些可怜的农民啊！他们的土地肥沃，物产丰富，可有种特别讨厌的河鼠侵袭了他们的谷仓，而他们无计可施。天哪，谁来拯救他们呢？当然是我们的朋友利比亚猫啦！这种小野猫也来到了这些村镇周边，猎捕那些害人的尼罗河蠹贼，讨得了当地农民的欢心。

这片新土地上发展起来的人猫关系特别牢固，在所有把我们放在心上的古代社会里，埃及人最感佩我们的贡献。我们与人类的伙伴关系也驱使着你们为我们付出，就像我们为你们付出一样。只不过随着时间的推移，当地人也越来越多地把这种劳役之责摊到了人类自己身上。埃及人从没忘记建国之初站在他们身边的这些猫的恩情，他们愿意让人和猫的命运紧密相连。在迈向文明前沿之时，他们邀请我们一同前行，而我们就一直留在他们身边，在他们腾飞到人类成就的顶峰时，我们也攀升到了猫文化的塔尖。

"怎么会这样呢，芭芭？""猫对尼罗河沿岸的人们施了什么咒语？"毫无疑问，我们迷住了他们。他们很喜欢我们的发音技巧，于是记下了这些音符，给我们起了对应的名字："咪呜"（miu）表示公猫；"咪特"（miit）表示母猫，他们还是最早使用"喵"（meow）字的人类，现在这个字已经众所周知了。说真的，我们让无数国家的无数人都着了迷，但迷人的仪态仅仅是原因之一，在埃及显然还有不少因素在起作用。人们把我们带到他们简陋的家里，指望我们拿下那些啮齿动物，但让他们喜出望外的是，我们的技能可不局限于捕捉大鼠和小鼠：我们在猎捕蝎子、眼镜蛇和蝰蛇方面也一样效率惊人。

我们缓解了这些有毒的入侵者对人类的滋扰，让他们对我们更加感恩戴德，也让他们的好奇心达到了顶点。埃及人愈发关注我们的行为，并且惊讶地发现猫似乎能先知先觉。有些猫好像能预知天气的变化，有些猫可以感觉到即将发生的地震，还有些猫会提醒人类同伴们注意那些无形的危险。我们娇小的身材和我们的能力太不相称，这使得埃及人都开始疑惑我们拥有的是不是某种超自然力量。或许我们真的能施咒语吧，反正他们都开始猜测猫和魔法之间是否有可能存在一种固有的关联了。

在古代世界，魔法不是玩笑，也并不恶毒。它为人类社会各阶层所接受，被视为一种超凡的力量，可以用它来克服这个充满混乱和敌对的世界所带来的苦痛。话虽如此，你或许还是心存疑虑，想以居高临下的姿态看待这个话题？毕竟，埃及人误认为是魔法的能力很容易解释，其原因就是猫的感官灵敏度远高于人类。在乌云汇聚之前，人类察觉不到暴风雨来临的预兆，而我们喵星人则会因气压的变化而早有所察。有时我们隔老远就能看见一个偷偷摸摸的入侵者，或者听到它们的动静，但那些在你们看来就只是一片黑暗和寂静。

这样的事儿多了，我们就被人当成了抵御邪祟的壁垒。猫有辟邪的能力，这在当时无可争议，如果一只猫偏爱某个特定的人，它就会保护此人及其家属，让他们免受伤害。不过在你断定埃及人都是些头脑简单的人之前还得明白一点，在这样一个时代和地域，他们对我们的能力所寄予的厚望不仅是合理的，而且充满了

智慧。你们现代人太过狂妄，对周围物种的动静全都视而不见，但在仔细观察并理解了我们的习性之后，埃及人确实在一定程度上获得了他们所希求的预见力。

是魔法吗？不是，但无论如何，效果是真实的，他们越来越多地在保佑平安的仪式上向我们祈求，还把我们的形象印刻在一些用来引发超自然现象的物件上。这些护身符有的非常小，有的则大到了不可思议的地步：史上最著名的守护者造像——斯芬克斯巨像（Great Sphinx）[1] 就把法老（古埃及的神圣国王）的头像与庞大的猫科动物身体搭配到了一起。镜子也是一种和我们有关的蕴藏着力量的物件，它在过去可不只是用来满足虚荣心的玩意儿。抛光的扁平铜片可以映射出邪祟，并将其遣送回源头。这个戏法不错，但为了确保它有效，这镜子还需要一些真正的力量，所以人们往往会把值得信赖的猫的形象刻在镜子的背面或手柄上。他们有时还会把我们刻在一种青铜摇奏乐器上，埃及人称之为叉铃（sistrum）[2]。不过这东西可不仅仅是一件乐器。它的圆弧形顶部象征着子宫，尖柄则象征着阴茎。这种乐器的确很有力量，摇晃它就相当于在搅动那些支配着出生、衰败和重生的元素。立于其上的猫，意在守护这个永恒的进程。

---

1 即狮身人面像。
2 古埃及人常用的一种手摇打击乐器，与中国的拨浪鼓相近。

想想看，时代真是变了，如今是你们照看着我们，那时却是我们在照看着你们。事实上，我们已经主宰了人类的心灵，以至于每一只猫都不啻于一个创世的隐喻。这与一个流行的传说是相符的，故事讲述的是时间开始前的时代，那时只有一片漆黑，没有任何生物存在，直到太阳神拉（Ra）[1]以大公猫（*Miu Oa*）的形象现身才结束了这种状况。他一开始便用爪子约束了这片虚空，希望能在此创生出一个可以形成人类的世界。

拉选择了猫作为他的形象，这实在高明，因为他不久就遭遇了一个反对者。这个对手名叫阿波菲斯（Apophis）[2]，其形象是一条大蛇。他是永恒的黑暗之神，希望一切都保持在虚空状态。然而那只大公猫已下定决心，他认为万物理应存在，于是对这条蛇展开了攻击。没人知道这场古老的战斗持续了多久，因为那时就连时间本身都还不存在啊。不消说，这是一场激烈的战斗，但大公猫最后打败了大蛇，黑暗终被驱散，世界和所有栖身其间的生灵也由此诞生了。你看看，我跟你说过埃及人很看重我们捕蛇的能力吧！我们这么做不仅是在保护家园，还为创世提供了一个隐喻呢。

在一只猫的爪子上创世？你要说了："芭芭，这对我来说还真

---

1 古埃及神话中的太阳神，九柱神之首，猫是其常见的形象之一。
2 古埃及神话中的神，毁灭、混沌和黑暗的化身，也是太阳神拉的孪生兄弟以及死敌。

是个新鲜事儿。"但也不一定，因为你们很熟悉这个故事的另一个部分，这个部分一直流传到了今天。哎呀，要不要给你一点提示？赫里奥波里斯（Heliopolis）[1]的祭司们讲述了拉在后来以一只公猫的形象孕育出其他神灵的过程。首先出世的是空气和水的化身，他们相继催生出了大地和天空之神，后两者又诞下了奥西里斯、伊希斯、赛特和奈芙蒂斯[2]这几位大神。先等等……这有几位神了？让拉给咱们数数吧："我是一变二，二变四，四变八，再加上我自己。"换句话说，拉，伟大的大公猫，也就是八加一……他就是九分之一嘛！没错，九条命[3]。这个说法比古埃及本身还要经久不衰，最终成了流传最久远的猫咪传说。美国那个同名的猫粮品牌怎么样？可能很便宜，但事实证明，它也可以正大光明地宣称自己是神圣的食粮。

　　猫对于神灵和埃及民众来说都是不可抗拒的，我们慢慢和万神殿里的诸神都攀上了关系，我们的传说也在逐渐随之演变。在早期埃及，最重要的神是优雅神秘的伊希斯，她最终成为塑造我们历史的一股巨大力量。作为一位魔法女神，她与猫科动物有着

1　又称太阳城，是古埃及太阳神崇拜的中心，相当于希腊神话中的奥林匹斯山。

2　按埃及神话的九柱天神谱系，太阳神拉生下了一对双胞胎兄妹——空气之神休（Shu）和湖泊之神泰芙努特（Tefnut），他们结合后生下了一对双胞胎兄妹——地神盖卜（Geb）和天神努特（Nut），他们结合后又生下了第四代神灵，分别是儿子奥西里斯（Osiris）和赛特（Set），以及女儿伊希斯（Isis）和奈芙蒂斯（Nephthys）。

3　传说猫有九条命。

天然的联系，埃及人推测她可能给我们的神秘能力施加了某种影响。她还是夜之女神，尽管我们最初是与太阳有关，借她之手，月亮也在我们头顶上升了起来。尤其是那些毛色如暗夜的黑猫，人们都觉得它们与这位女神关系匪浅。它们被视作最神奇的猫，有人甚至猜测它们可能就是伊希斯的化身。

最后，比起太阳，我们作为月亮的象征要受欢迎得多。这确实更符合我们夜间活动的天性，后来的文明也建立了这种关联。古希腊人和古罗马人甚至断言我们的瞳孔会随着月相而变化。这种浪漫却疯狂的神话声称，我们的瞳孔在满月时会变得更圆，月亏时则会变窄。噢，古代先贤们还建议，一定要注意猫分娩的模式！如果一只母猫生了七窝小猫，第一窝一只，第二窝两只，以此类推，直到第七窝，总共二十八只——好了，也就是说朔望月（lunar month）[1] 的每一天都能分得一只小猫。现在你们拥有的可不只是一位应接不暇的猫妈妈了……可以肯定这是一只月亮女神猫，是神灵的直接代表，必须受到应有的尊重和敬仰。

作为生育与母亲的守护神，伊希斯还掌管着女性事务。或许我们喵星人也可以担当她的图腾动物，代表女性气质和家庭生活，同时成为儿童的护身符？我们已经被看作家庭的守护者了，而且不加约束的话，猫也有极高的生育率（没错，我们逐渐接受了绝育，觉得这主意也不错）。要说到自己的幼崽，咱给人留下的深刻印象就是一个凶猛至极的守卫，我们母猫会冒着生命危险来保护自己的小猫，这一点是出了名的。

埃及人认为猫的这些方面结合得非常完美，而各家各户的猫也就此成了事实上的家庭之神。他们尤其想叫我们保护他们的孩

1　指月球绕地球公转相对于太阳的平均周期，实际约为 29.5 天。

子，所以会给这些婴儿的脖子上佩戴猫形护身符，希望我们像保护自己的孩子一样保护他们。这一切又一次得到了传说的印证，埃及人声称婴儿时期的荷鲁斯（Horus）[1] 曾被一只猫照料过。要知道荷鲁斯可代表着不亚于法老的神圣一面，这意味着猫完全有资格被看作这位国王的乳母。如果你对这个事关我们地位的说法体会不深，那我就换种说法吧：现代人固然很看重自己的猫，但你什么时候听说过有谁宣称是我们哺育了美国总统或者英国女王？

随着时间的推移，猫和女性领域的关联也变得愈发紧密，理想的女性气质最终被编排成了猫的形象。完美的女人在身心仪态上都和猫一样，这种观念简直不可磨灭，以至于埃及最著名的女王克利奥帕特拉（Cleopatra）[2] 都决定照她心爱的猫伴儿夏米安（Charmian）那独特的脸部斑纹来设计自己的眼妆。女王一瞧见它就知道这模样实在好看，夏米安天生的美貌激励她用黑色的粗线条把眼睛画成了夸张的杏仁状。这一举动引发了时尚界的革命性变化，此后还经受住了时间的考验，成为最具标志性的时尚表现方式之一。当然，从埃及人的角度来看，这也算不上什么极端的事，不过是两种和谐信念的结合。

---

1 埃及神话中法老的守护神，后成为古埃及之王。
2 克利奥帕特拉（约公元前70—前30年），俗称埃及艳后，是古埃及托勒密王朝的最后一位女法老。

理所当然地，我们的追随者最终会去寻找一件能完美融合这两种信念的容器，一位可以让这两种原型以同等的无上状态存在的神祇。巴斯泰托（Bastet）[1]就此应运而生。她一般都是被描绘成一个长着猫头的美女，但她可不仅仅是一个和猫有关的女神。巴斯泰托要伟大得多，她是猫和人类的结合体，不亚于你们人类送给我们的最好的礼物。人类的后代们对她反戈一击，颠覆了她的形象，以亵渎之辞直斥其名，但我们一直都很珍视她。凭着对她的记忆，我们喵星人在最黑暗的时刻也会相互依偎，而且深知寄托在她身上的那种联盟有望迎来更光明的未来。

　　巴斯泰托并不介意带有一点点羞怯的神秘感，这符合她那猫一般的天性。她的源起不但对今人来说相当模糊，对埃及人来说也是一团迷雾。在埃及人的早期历史中，她并不知名，他们当中有些学者认为她是伊希斯和拉结合的后代。他们还从理论上推测，她或许是奥西里斯的配偶。又或许——啊哈！——她本身就是伊希斯，因为她有一副完美的猫的化身？没人搞得清楚，但有一点可以肯定：巴斯泰托的确是一只猫，因为就像最典型的流浪猫一样，她出自未知之地，而且血统不详，但哪怕是这样，她还是偷走了一颗心——就她而言，这就是举国之心。

　　在公元前 2000 年到公元前 1000 年间，她开始走红了。这不

1　埃及神话中的猫神，曾是下埃及的战争女神，后逐渐从战神转变成家庭守护神。

是理所应当的吗？她是一只善良的小猫，护佑着信徒们所在国家的安宁，当然，她也担当了传统的猫咪守护者的角色。她被看作猫的本体，我们保护人类的天赋在她那儿得到了最大限度的发挥，人们甚至给她增添了一个新的天职，因为她后来还成了亡者的看守。传统上，埃及人都是靠狼头人身的阿努比斯神（Anubis）[1]带入来世的。但也不妨给那些守旧派们灌输点新玩意儿，这个国家的猫咪崇拜者们就是这么想的，因为如今已是巴斯泰托来担当亡灵们的守护神了。

事实证明，对这只猫的崇拜真是一股势不可当的力量，到公元前 1000 年，她已经取代了埃及万神殿里的其他成员，成为该国最受欢迎的神祇。那时，我们甚至在尼罗河三角洲都有了一座自己的城市——布巴斯提斯（Bubastis）[2]，这里是所有与猫有关的事物的中心，也是巴斯泰托的祖庭。但这一切不可能仅靠她独自完成。埃及人很了解我们。他们在我们身上发现了如今已受冷落的"二分法"。没错，我们可爱而甜蜜，时常渴望被你们拥入怀里，但坐在你沙发上的那个家庭伴侣只展现了猫咪天性的一面。我们也是致命的捕食者。毕竟人类当初看重的就是猫的这个能力嘛，那可是在这种搂搂抱抱的想法出现之前不知多少个世纪了，对吧？

1　埃及神话中的死神，形象为狼头人身。
2　猫女神巴斯泰托的圣城，埃及第二十二王朝的都城。

为了向我们的这一面致敬，埃及人给巴斯泰托找了个姐妹，名叫塞赫美特（Sekhmet）[1]，她有颗母狮子头，这就为可爱的家猫匹配了一个凶猛的对应者。不过，这两者是互补而非对立的，失去彼此的话，任何一方都不完整。"她发起火来像塞赫美特，温柔起来又像巴斯泰托。"这是当时形容猫科动物两极天性的一句俗语。巴斯泰托执掌内心，守护家庭，代表了平民百姓们喜爱的猫。相比之下，塞赫美特则是猫科动物力量与狡猾的象征，因而成了军队的一位可怕的守护神和国家的护卫者。

姊妹齐心，无坚不摧。埃及在将近公元前第二个千年末期时曾一直处于政治动荡之中，但这个国家在猫咪崇拜中找到了共同目标，然后在公元前 1000 年之初再度统一。最终，王冠落入了布巴斯提斯的一个王朝手中，政权正是在那儿得到了巩固。国王奥索尔孔二世（Osorkon II）[2] 向巴斯泰托敬献了他所有的土地，把拉的一切权柄都归于她，还宣布其君主国本身都是这位猫神的仆佣。现在再回想一下尼罗河沿岸的那些田地吧，卑微的人类照看着庄稼，野猫则在一旁守卫。这个同盟刚成立的时候，谁能预见到这样的结果呢？不过啊，将近 3000 年前种下的那粒种子如今已经结出了最丰硕的果实：埃及不过是我们爪中的玩具。

1　埃及神话中的战神和烈日之神，形象为狮头女身，头上饰有日轮和蛇。
2　古埃及第二十二王朝法老，统治期约为公元前 872—前 837 年。

在那个伟大的镀金时代，我们过得怎么样呢？你可能猜到了，在住所内，我们是不容侵犯的，绝对就是一家子的灵魂。照顾猫是个很严肃的事。赡养我们是家族族长的责任。当他去世后，责任就要落到长子身上。沉重的珠宝项圈和金色耳环让我们拥有了与众不同的标志，要说到猫的时装设计，各个家族无疑都在相互竞争，因为猫的地位直接关系到他们自身地位的起落。不过问题还是免不了的，没错，猫一般都不喜欢穿戴这种装饰，除了满足人类的虚荣心之外，它们百无一用。但这些埃及人的奉献精神还是无可非议的，所以他们的猫也愿意忍受一丢丢这种愚蠢，戴上珠宝，换取被人崇拜带来的真正好处。

　　没有哪个地方比布巴斯提斯的中心更能表达这种崇拜了。巴斯泰托神庙就矗立在那儿，这是为致敬猫的力量而修建的一座宏大的纪念堂。人们任其在时间长河中走向衰败，如今遗迹已经所剩无几，这让各地的喵星人都深感惊骇——嗯，好吧，毕竟你们人类大多也是任由自己的历史胜迹遭到毁灭，我估摸着要让你们对我们的历史更加尽责也的确太过分了。但即便是这样，那些四处散落的碎石对我们来说依然是壮丽的遗存。这座神庙是我们最珍贵的遗产，每一块碎片都承载着久远荣耀的不朽记忆，甚至还曾被最著名的古代编年史学家希罗多德誉为全埃及最美的庇护所。

　　这样的景观可说是前无古人，后人也难以想象！巴斯泰托神庙被宽达100英尺（约30米）的运河环围，内里种满了茂盛的树

木，看起来就像是一处桃花源般的岛屿，其上耸立着由红色花岗岩砌成的高墙，仿佛一座周长 1200 英尺（约 366 米）的巨型堡垒。但这还不是巴斯泰托神庙的围墙。准确地说，埃及人把它藏起来了，就好像这神庙本身就是一处格外神圣的宝藏，不能公开展示给公众。走进内部，他们隐藏的景观也一样让人叹为观止：那是一座长约 500 英尺（约 152 米）的庇护所，附带了一个高约 60 英尺（约 18 米）的门厅，前面还有一面巨大的塔墙，这让她的家宅拥有了人们所期待的那种埃及纪念性建筑才有的宏伟外观。

不过这个外观也是在掩人耳目。我们在里面看不到一块冰冷的石头。毕竟这位女士是一只猫，石头可不符合猫的口味。这里没有雄伟的高墙，取而代之的是一个模拟的猫咪天堂：一块露天的内部庭院，种植着一大片养眼的树木，猫可以在此间攀爬和玩耍。放置巴斯泰托神像的圣殿就隐藏在里面，供访者寻觅……我得说这里设计得不错，因为我们都知道猫喜欢隐秘的地方！她的神像便安放在这个至圣之所，就在这儿，女神显露了真容。

但巴斯泰托并不孤单。她身边围绕着一群少女，她们毫不掩饰地将自己献给了这位神灵，人们只能想象她们在狂喜中载歌载舞，发出噼里啪啦的响动。还好女神只是一尊雕像，因为这种响动足以吓到一只有血有肉的猫——而且很可能确实吓到了，因为她自己的圣猫们也都住在这间圣殿里。它们是活生生的女神化身，人们可以在神庙那宏伟的多柱大厅里看到它们的身影，个个装饰着珠宝、金领和珍贵的耳饰，在信众留下的供品间悠闲地徘徊。这些供品堆积如山，一直延伸到顶端的天花板，里头既有水果和蜂蜜，也有异域的香油。

哎呀，亲爱的埃及人。他们太过慷慨，但我们必须承认，送这些玩意儿实在奇怪……他们是不是想破了脑袋也搞不明白猫对这些东西不感兴趣？但神庙的猫咪们还是以自己的大气回报了信徒的慷慨：它们没有漠视这些无用的礼物，而是庄重地领受了，它们明白这是出于热情，即使放错了地方也绝对真诚。如果太过喧闹（这肯定是常事），猫儿们也可以退回自己的生活区。这片私属区域由奢华的金色织物隔开，只有它们和它们的祭司才能进入，到了这儿就能摆脱信众了。

说到信众，没有哪天的人数比一年一度的巴斯泰托节更多了。在那时，陶醉于狂喜之中的疯狂的猫咪信徒们都会涌向布巴斯提斯，对这些古代的朝圣者来说，这可是最受欢迎的宗教仪典。"嘿，差不得了，芭芭，真的假的？"我能察觉到怀疑论者的疑虑，他们肯定觉得一个猫神节不太可能在所有节日里独占鳌头。但我们不用亲自来证明这一点。我们相信你的同类，还是那个著名的希罗多德，他恰好就参加了这个节日，当时到场的估计有70多万人。他敬畏地看着人潮涌来，成群结队的河船紧紧挤在一起，把尼罗河塞得满满当当，一幅宏大的壮观场面就这样徐徐展开了。信徒们来自埃及各地，他们扯开了嗓门高声歌颂，制造出刺耳的嘈杂声，让远在天堂的喵星人都避无可避地听到他们的声音。

等疯狂的人群冲上码头时会怎样呢？希罗多德一生见多识广，但他也从没见过这样的情景！巴斯泰托的雕像受到了最高礼遇，在军事指挥官的护送下被人抬了出来，然后放置于一艘驳船上。这船移动得很慢，足以让所有人看个分明，她就这样在自己神庙周围的运河里航行起来。这是一些朝圣者们等待了一生的高潮时刻，现代世界的任何猫展都没法让你产生一丝一毫的兴奋心情，但这些猫迷祈神者们当时都克制不住地陷入了疯癫之中。他们并肩站在河岸边，在她经过时，他们便会哭喊甚至晕厥，祈求这只最强大的猫的祝福。

希罗多德继续着他的记述，记录了人们在那个节日里都喝了多少酒——别忘了，希腊人可不是禁酒主义者，但他解释说，自己还是被惊到了。欢庆者们喝的酒比他们在这一年的其余日子里喝的加起来还多，当天夜里，全城各处都是狂欢的醉鬼。丢人，丢人啊丢人，你觉得奇怪吗？一点都不奇怪！人类是所有物种里最假正经的，但这是猫神节，而巴斯泰托也是性的守护神。如果我描述的这种疯癫状况听起来不大虔敬，反而有些狂野，那么好吧，朋友，我得告诉你，布巴斯提斯的这个节日本来就不是什么庄严的仪典。这就是一场类似于狂欢节的庆典，在这场喧闹的活动里，参与的群众都可以从压抑的人性壁炉架上跳脱下来，疯狂地宣泄和释放自己内心的猫腻。

当然，也并不是全城的人都能沉浸在这种白日梦里，因为还有好多活儿要干。很多朝圣者也是为了来祈求奇迹般的治疗和特殊的恩惠，这只有女神的活化身们才能实现。这些人严肃对待此事，怀着忧郁的心情来恳求巴斯泰托的祭司，只了为见她的圣猫们一面。经过所有庄严的规程和一丝不苟的审议之后，祭司们才会决定哪些人的情况可以让圣猫们听闻。仪式随后就开始了，看守们会发出"咔嗒——咔嗒——"的声音叫猫出来。

想象一下，一个穷困忧愁的人经历了长途跋涉，只希望能获得奇迹般的拯救，而这个情景对他是多大的惊喜啊。他敬畏地来到了一个可望而不可及的至圣之地，正当他紧盯着黑暗之时，那大殿的另一边传来了一阵响动。忽然间，猫儿们都跳出来啦！速度快得简直数不过来有多少只，人眼完全跟不上它们飞奔的身影——那儿有一只！那儿也有！还有那儿，烛光就在远处的那些珠宝项圈上闪烁着。刹那间，巴斯泰托的猫已随处可见，让圣殿里充满了神圣的恩典。

到了这一步，埃及的祈愿者里头还是有人能分辨供品好坏的，不能用蜂蜜和水果打发猫了，毕竟已经都下了大本钱嘛。为祈求女神示现，这些人会倒满好多碗牛奶，把鱼块切成一口大小的薄片，成排摆放。然后他们便会后退，让猫儿们凭自己的智慧随意行动。猫会享用这些供品吗？祈愿者的诚心值不值得换取它们的帮助呢？猫儿们要好好考虑一下，而一位祭司则会在吟诵祷文的

同时凝视着它们翡翠般的眼睛。奇迹是否会降临还悬而未定，那些智慧和仁慈的眼睛将会传达出最终的裁决。

由于人类现在都深信一切权威的源泉都只能出自人类本身，所以你肯定觉得怀着这么极致的崇敬之情去朝拜家猫实在可笑透顶——我的朋友们，要在以前，这种态度可是会让你惹上大麻烦的哟。埃及人有句格言："不要嘲笑一只猫。"违背这一礼仪的人是要承担严重后果的，就算不遭鞭打，至少也会被罚款。考虑到网上的各种模因（meme）[1] 和 YouTube 上嘲讽我们的视频如今已无处不在，你们真该为自己没挨鞭子感到庆幸。在一个更合乎道德的世界里，这类幼稚的玩笑原本都是要付出巨大代价的，而且就我所见的一些情况来推断，挨鞭子可能都算是宽大了哦。

如果连嘲弄都是被禁止的，那你可以想见给猫造成身体伤害会有什么后果。这个问题严重至极，惩罚之酷烈，就连善待动物组织（PETA）都会不忍直视。不仅恶意杀猫是死罪（要我说这就是活该！），哪怕是意外致死，惩罚也轻不到哪儿去。理论上，惩罚都是由祭司们自行裁定，但实际上他们可能根本都没有裁决的机会，因为暴怒的民众常常老早就去伸张正义了。亚历山大省就有这么个案例，当时发生的一件事让希腊历史学家狄奥多罗

1　指在某一文化中经由模仿而传播的观念、行为或风格，通常涉及特定的现象和主题。

斯·西库路斯（Diodorus Siculus）[1]非常震惊，他在日记里专门记了一笔。

一个罗马士兵驾战车撞到了一只猫，可怜的猫儿一命呜呼。毫无疑问，这是桩意外，但即便如此，还是有一群恼火的埃及人闯到这个男人家中，要求他为此受罚。"别，别，别！"被派往现场的皇室官员们恳求道——毕竟这男人是个罗马人，他们担心这伙人一旦动手就有可能引发国际冲突。"请退后！"他们央求着。你猜结果怎么样？这群人对他们的呼吁充耳不闻！这个罗马人害死了一只猫，正义必须伸张：众人无视皇室高官，把这个男人拖出去游街，直到其死才罢休。

狄奥多罗斯解释说这个故事毫无夸大，作为亲历者，他担保此事为真，这也让他对埃及人待猫之认真再无一丝怀疑。还有其他编年史家也提到过这段插曲，有些人甚至声称罗马人在那之后就威胁要报复，而埃及人对此嗤之以鼻，由此引发了一场争端，直到克利奥帕特拉去世乃至恺撒征服埃及之后，这场争端才最终消停。好吧，这后半部分不大站得住脚，连我都不至于说是一只猫的死引发了埃及与罗马的战争——但我至少可以举一个例子，讲讲埃及人对猫的热爱是怎么给他们的军队造成了毁灭性的打击。

1　生于公元前 1 世纪左右，古希腊历史学家，著有世界史《历史丛书》四十卷。

马其顿军事史学家伯利埃努斯（Polyaenus）[1]的编年史，记载了公元前525年波斯皇帝冈比西斯二世（Cambyses II）的大军对贝鲁西亚城（Pelusium）发起的围攻。这个城镇位于尼罗河三角洲与西奈半岛的交汇处，是通往埃及本土的门户，鉴于其战略重要性，法老普萨美提克三世（Psamtik III）的将士们都下定了坚守的决心。起初他们也确实在身体力行，直到这些埃及人陡然发现敌人全都从其防线上撤退了。哟呵，他们不会是打退堂鼓了吧？胜利就在眼前了？

哪有这种好事儿！那个指挥作战的波斯将军知道埃及人对猫都是全心供奉的，于是发出了一道军事史上无出其右的反常命令。他派兵去捉猫，越多越好，以便把它们都绑在盾牌上。啊，我可怜的同胞们！想象一下那些娇生惯养的猫所遭受的屈辱吧，它们被无情地绑在金属纹章盾上，毛都要烤焦了。残忍性和侮辱性简直不相上下，等到波斯士兵重新集结的时候，所有人都看出了这个诡计。埃及的弓箭手和地面部队该怎么办？他们要跟这群以猫躯为掩护的敌人作战吗？那这些猫肯定要惨遭屠戮了。或者撤退？冒着城池失守的风险？

这位波斯将军的所作所为十分不公，简直已经险恶到了卑鄙的地步。除了给那些拿猫当挡箭牌的成年人贴上一个懦夫的标签，

1　活跃于公元2世纪前后，生于马其顿，著有《战略》八卷。

咱还能说什么呢？但是，站在战场另一边的才是真正的英雄，他们的英雄身份不是由他们泼洒的鲜血来定义的，而是由他们即将拯救的血肉来定义的。是的，贝鲁西亚城的士兵们都放下了武器，拒绝作战。伴随他们这座城池陷落的不是石弩的轰隆巨响和钢铁的铿锵声，而是表达爱意的温柔呼噜。一场大败？照人类看来，贝鲁西亚的陷落的确如此，但我们喵星人的看法正好相反——在这个救猫、确保它们没有受到伤害的过程里，贝鲁西亚城的卫士们为人猫之间的纽带赢得了一场前所未有的巨大胜利。

这甚至是一条超越了死亡的纽带。人类心爱的小猫都不可避免地会离开这个世界，然而在这悲哀的一天到来之时，埃及人与猫的关系也仍然不会中断。亲爱的读者，我明白这对你来说是个难过的话题。我目睹过同胞的离世，知道失去一个猫伴儿对人类会有什么影响，哪怕在那些不大文明的时代也是一样。你们人类会很伤感，这种伤感太过明显，甚至会使得你们一蹶不振，我很清楚，即便只是提到这个话题也会再度唤起你们的这种情绪。但也许我们可以从那些最了解我们的人所制定的祭祀仪式里学到些东西。

在埃及社会，人们对爱猫的永恒幸福的关怀可不逊于任何一个人类家庭成员所受的待遇。将猫木乃伊化并为其举行葬礼是司空见惯的事，虽然一个家庭的经济状况决定了这个过程要做到什么程度，但有些猫的人类同伴很有钱，他们为之举行的仪式是可与皇室的猫咪葬礼相媲美的。这类仪式包括移除内脏，并将其放入礼葬瓮中，还要准备一口精雕细刻的猫形棺材，上面刻着一些超度亡灵的象形祷文。有时甚至还会有黄金和宝石作为陪葬品，如果这家人已有一座坟墓，那么在祭悼仪式结束后，这只爱猫就将在长眠于此。

不消说，只有极少数人负担得起这么奢侈的仪式。我们当中的大多数都不会在坟墓里安息，而是会集中埋葬于猫的大墓地中（仅布巴斯提斯公墓就下葬了30多万只猫），在我们女神的荫庇下找到最终的归宿。虽然这些猫的人类同伴们家资有限，但它们对这些人来说也是一样宝贵，丝毫不比那些富人家的猫逊色。即便够不上奢侈，他们至少也会用雪松油和香料处理猫身，然后用亚麻布条包裹。如果没有金色葬礼面具，那人们也可能会直接把猫脸画在布条上。你肯定好奇，这是个低级待遇吗？丢脸吗？一点也不会——至少我们不这么看！毕竟我们猫界是一个没有阶级的社会，有些人在动物伴侣身上挥金如土，以此来代替爱的付出，他们都应该牢记一点，我们会被一个诚挚的手势所打动，纯粹的花费却不行。

当然，在埃及人的宇宙观里，死亡只是一个新的开始，所以在这个告别的过程里，我们的人类同伴们都十分确信，即使宇宙中的万事万物都走入寂灭，在不朽的宇宙核心里，我们仍将和那些关心我们的人保持联系。猫和人类的灵魂都会走上同样的旅程，向西行至落日之地，最终与奥西里斯相伴。你可能会想，对一只从来没有独自生活过的猫来说，这段旅程会不会有些孤独可怕呢？我的朋友，你大可放心，因为执掌西天的女神阿曼提（Amenti）会做我们的向导——作为一位明智的神，她知道猫天生好奇，所以始终孜孜不倦地守望着，以确保我们不会偏离正路。

说到这条路呢，它两旁都排列着猫的人类家属们留下的爱意满满的供品。想想看！人们进献了小碗的牛奶、老鼠木乃伊和少量加工过的食物，它们不仅标示出了路线，还会在沿途不断增长。一变十，十变百，这些礼物都延伸到了连猫眼也看不到的地方。知道曾经获得的爱并没有消散，在通往永恒的旅途中实际还增长了无数倍，这该是多么特别的感受啊。

最终，这条路会把勇敢的小猫引上一架梯子。这梯子直通天堂，在灵魂向上攀爬时，众神们都会把它稳稳扶住。对一只尘世的小猫来说，这是个陌生的领域，大神荷鲁斯和赛特站在一旁，若是猫爬到顶端时面露惊惶之色，他们就会拉住猫爪，把它的灵魂提上去。通过这种提升，那灵魂便获得了重生，进入它曾经熟知的理想世界。这是一个完美的猫咪乌托邦，既有房屋，也有池塘，猫儿们在这里都长生不老，它们可以尽情地捕猎、玩耍、奔跑和跳跃，在芬芳的草地上打滚，在永远不落山的暖阳下休憩。

但这还不是全部，因为天堂不止一个！第二个天堂里有好多满载着欢乐的饭桌，餐食可以随意享用，因为有爱心的人类为它们进献了地上的供品。众神确保了这种慷慨永不止息，猫可以一直留在这里，只要它愿意——毫无疑问，有些猫可能会在这里逗留很长时间！不过若有哪只猫的灵魂决定前往最终的天堂，它会发现那里有一艘大船在等着自己。不过这并不是一艘用来进行最终航程的尘世之船，而是太阳神拉的太阳帆船，拉正是给世界带来光明的那只大公猫。

就在最后，我们发现了起点，因为猫的灵魂将受邀与它参与创造的这个宇宙合而为一。天堂不过是一艘航行的船！拉会将猫的精元引渡到璀璨的夜空中，让它成为明亮而永恒的光之精灵。在尘世中，爱它并向它献上了供品的人类也可以遥望这夜空，回忆他们的老友。他们可能会记起它小时候肆无忌惮地在屋子里乱跑的日子，或者它蜷缩在床脚酣睡的时光，乃至它在迟暮之年立于埃及暖阳下的高贵模样。如今这屋子虽已不见其踪影，但爱猫的人还是可以从这永生的寄望中获得安慰。在凝视永恒的深空之时，他们就知道——他们一定知道——在那漆黑的夜色中闪烁的群星里，有一颗正是他们心爱的猫伴儿。

在做猫这方面我很有体会，所以我还可以额外向你们做些承诺。我们会玩那种貌似害羞的把戏，时常面露冷漠的神色，但不要怀疑，当人类的眼睛扫视天空，希望瞥见自己的老友之时，猫也怀着同样的心情用双眼在扫视下界。它们凝视着地上心爱的伙伴们，用闪烁的光芒来回报他们的眼神，那个时代肯定没人会怀疑星星的闪烁就是猫在眨眼。

这就是我的埃及祖先们在许多个世纪前走过的路途。对于我们这场穿越猫史的旅程来说，这是个多么伟大的起点啊！虽然这些追忆令我们感到振奋，但我不会为那段时光以来所失去的东西而悲伤，因为我们才刚刚出发，前面还有好多站呢，到时候我还会给你们展现一些堪称伟大的壮美景象。我们必须把那艘船留给身后的群星了，但如果你愿意以更寻常的方式上路，那还有更多港口在等着你哦——老规矩，只用轻翻一页就能启程了。

1799年，弗里德里希·贝尔图赫（Friedrich Bertuch）在其著作《儿童画册》（*Bilderbuch für Kinder*）中绘制了巴斯泰托和塞赫美特的圣像。她们的画像是一个系列的一部分，意在让孩子们了解古人的成就，不过我认为成年人也可以看看埃及人有多么崇拜我们，借此长进一二。

《猫神和狮神》(*Le dieu chat and le dieu lion*)：伯纳德·德·蒙福孔（Bernard de Montfaucon）于 1719 年雕刻的猫神和狮神。他是一名本笃会僧侣，也是古代的大学者之一，他很清楚我们猫科动物对埃及人的精神生活所产生的重大影响。

1.2.3.4.5 STATUES DE GRANIT NOIR TROUVÉES DANS L'ENCEINTE DU SUD. 6 VUE DU COLOSSE PLACÉ À L'ENTRÉE DE LA SALLE HYPOSTYLE DU PALAIS.

1802 年，拿破仑令考古学家埃德梅－弗朗索瓦·乔迈尔（*Edme-François Jomard*）撰写一部名为《埃及见闻》（*Description de l'Égypte*）的学术著作，结果就是留下了这本现代埃及学的奠基之书。上图即其中插图，这无疑表明了塞赫美特在卢克索（Luxor）和卡纳克（Karnak）这两座皇城的重要性！

还怀疑埃及人对斯芬克斯的信任吗？这可不只是雄伟壮观而已！当法国学者乔迈尔在 19 世纪初来到卢克索时，他记录下了这个沉默的卫士，展现了真正的猫科动物的忠诚。这幅雕版印刷作品也出自乔迈尔的《埃及见闻》。

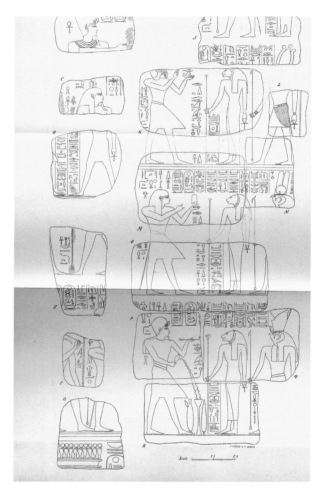

咱们多有力量啊！在布巴斯提斯神庙的这些修复的浮雕里，国王奥索尔孔二世向巴斯泰托献上了祭品，皇权因敬奉猫的力量而得到了升华。图片出自瑞士的埃及学家、圣经学者亨利·爱德华·奈维尔（Henri Édouard Naville）在 19 世纪 80 年代的挖掘记录。

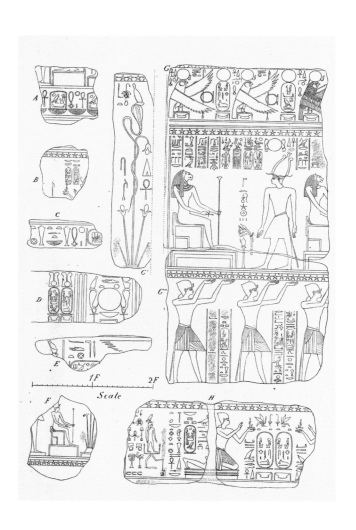

荣耀之路

— 猫向亚洲的迁徙 —

Glory Road

埃及人把我们带入了天堂。哪怕现代人可以给予我们一切物质享受，成为一只受他们崇拜的猫也是现代喵星人所无法企及的特权。不过可并不是只有尼罗河沿岸的人们才对我们充满感激和钦佩。其他很多地方的人们也对小利比亚猫怀有这种感情。作为一只猫，它的想法就是要四处游荡。并不是所有人都拥有为我们修建神庙的财富和实力，但即便如此，他们还是通过传说和故事表达了对我们的敬意。毫无疑问，他们对我们心存感激。古代世界是我们的黄金时代，埃及并不是唯一一个猫生灿烂之地。

尽管浩瀚的撒哈拉大沙漠阻止了利比亚猫游荡的脚步，它们还是向南进入了中非。那里流传着一个民间故事，隐喻了猫和人类在史前结成的同盟。传说在最古老的年代里，万物都是崭新的，一个就像野生动物一样生活着的人，有一天突然萌发出一个念头。雨季临近，他想盖一间居所。这主意自然不错，但他不知该怎么着手，于是就去求一只狗帮忙。"快下雨了，你能帮我盖间房子吗？"他问。"不行，我帮不了。"狗答道。它太忙了，有好多汪星要事得去处理。奔跑、吠叫、追逐和睡觉都必不可少，狗根本没这个闲工夫。

于是他又向一只猫求助，询问同样的问题，得到的答复差不多。猫的担子也不轻，比如舔毛啦、抓老鼠啦、用尾巴到处磨蹭啦，没工夫去干其他活儿。"不过，"猫说完顿了一下，又考虑了一会儿，"把这些要事往后延一天也是可以的。"说完它就起了身，从栖息处走向那个人。"我来帮你！"

后来他们造了一栋房子，人猫通力合作。雨果真下起来了，非洲的湿热气候所孕育的雨滴不断打落在他们那结实的盖板上。突然，狗来到那人的家门口请求避雨。"呃，不行，"那人答道，"你只能睡外头。"狗只好去找一块可以趴卧的干燥地面，这时猫也来了。那人给它开了房门，还邀它同住——不管怎么说吧，对一只在文明始创时和自己共进退的动物，他觉得这是个公平的回报。

人类对我们在埃及以东地区的贡献也表示了敬意。正是在美索不达米亚那肥沃的三角地带，我们第一次成为你们的伙伴，虽然经过了无数个世纪，在那儿建立起的这种伙伴关系也一直相当惹眼。那个伟大的穆罕默德，伊斯兰教的创立者，他就很喜欢我们，你知道吗？这位先知称猫是纯净的动物，他自己就养了一只

猫，而且对它十分大方，以至于他俩的关系都成了他宽仁厚德的一个传奇例证。他甚至在天堂上还给这只猫留了一个位置。

穆罕默德给这个伙伴起了个名字，叫穆耶扎（Muezza），意为"珍爱"，他对这只猫是出了名地尊重，会用它喝过的水来净身。至今还流传着一个故事，讲的是这位先知所面临的一次困境，当时他正要去祈祷，却发现猫还在自己的袖子上打盹哩。一边是安拉的召唤，一边是睡得正香的小猫。安拉必须侍奉，不能让他等待，但……有没有可能既侍奉安拉又不打搅小猫呢？信仰向这位圣人揭示了其他人看不见的道路。穆罕默德割袍断袖，任由这个老友继续酣睡，自己离开祈祷去了。

还有一个传说讲的是，穆罕默德如何在虎斑猫额头上留下了独特的印记。一天，他在祷告的时候被一只老鼠搅得心烦意乱。他可不是唯一一个被这种亵渎行为所困扰的人。但那帮入侵者的冒失举动逃不过警惕的穆耶扎的眼睛，它当机立断，打得鼠辈们四散奔逃。作为回报，心存感激的先知抚摸着猫，从它的头顶一直到耳畔，据说他的手指就是这么奇迹般地在这只猫的额头上留下了四条黑色斑纹，形状就是它自己名字的首字母"M"。这些斑纹从没褪过色，实际上还因为成了他赐福的象征而代代相传。故事讲得不错，但你们人类真是个容易上当的古怪物种。就连猫也明白这是个荒诞故事：我并不是怀疑穆耶扎的神圣性，但在阿拉伯字母表里根本就没有"M"这个字母好吧！

即便不是真的，人们对这个"M"的传说还是津津乐道，这也证明了穆罕默德对我们喵星人的确怀有恒久的爱。这种感情经由模仿而世代相传，给伊斯兰世界留下了一份非凡的善行遗产。这类善行并不少见，比如富人，甚至苏丹人都会留下遗赠，给当地的流浪猫狗布施碎肉，这有时会持续几个世纪。对了，伊斯兰世界可能并没给我们斑猫留下一个"M"的印记，但我们的名字确实出自他们。斑猫（tabby）这个英语单词源于阿塔比伊（Attabiy），这是巴格达历史上的一个街区，当地出产的塔夫绸（taffeta）质量极佳，这种面料一度也被称为塔比绸（tabis）。由于它有一种光润水滑的效果，还带有猫毛一样的条纹，欧洲人后来就开始用这个词来形容那些皮毛与之相仿的猫了。

"可是，芭芭，猫怎么会从中东漂泊到那么远的地方去了呢？在古时候，亚洲那些最偏远角落的人是不是没见过猫啊？"确实是，我来解释一下吧。在穆罕默德之前的许多个世纪，我们就和商队签了合约，工作是帮他们捕鼠，保护他们的物资，所以我们后来就沿着纵横交错的中亚贸易线抵达了还不为小利比亚猫所知的地区。在那些没人见过家猫的地方，我们都受到了热情的款待，以至于我们很快就凭借自己的本事而成为了商品。遍布亚洲各地的大量品种，不就是我们在每个新引入地区都受到热烈欢迎的明证吗？在这片大陆的几乎所有地方，都有一些本地人引以为豪的猫的品种，从伊朗的波斯猫一直到东南亚的暹罗猫、缅甸猫和新

加坡猫都是如此。

但我还是先别把话题扯得太远吧！我可不想略过次大陆[1]。为啥呢，你知道梵文文献可以证明家猫在印度已经有几千年的历史了吗？利比亚猫很有可能曾经自己游荡到了遥远的东方，我们走入当地人类家庭的时间可能并不比我们走入近东人类家庭的时间晚多少。在印度，我们的形象没有在埃及时那么光彩夺目，不过在那个时代也没人能在任何方面与埃及人达到的水准相比，我们不会因为一个民族没那么爱猫就猫眼看人低。虽然我们在印度的身份远不如在埃及时那么知名，但其实还是挺像的。当地人也在精神生活中给我们留出了一席之地，在那里，猫是民间传统中的女神娑斯蒂（Shashti）的图腾动物，而这位女神掌管着家庭生活、生育和孩子的安全。听起来很耳熟是吧？尼罗河沿岸的人称颂的也是猫的这些功用，你们当中的学者也恰恰是拿娑斯蒂和巴斯泰托相比的哦。

印度有一个方面还胜过了埃及。壮阔的恒河边流传着一段或许是有关猫的民俗神话里最了不起的传奇，那就是小猫帕特里帕坦（Patripatan）的故事。对它来说，神的爱无边无际，甚至能让时间停滞不前。它是一位朝臣的小伙伴，这位朝臣当时正与一位备受尊敬的印度教祭司在一位伟大的国王面前争宠。这位祭司发

1　指包括印度、巴基斯坦和孟加拉国在内的南亚次大陆。

誓要升入迪文迪伦（Devendiren）[1] 的天堂，从一棵圣树上摘下一朵花，以证明自己胜人一筹。

太狂妄了！这个天堂是 2400 万神祇的家园，他们和 4800 万个妻子都住在那里，而这些神都在亲自照看着这棵树。可祭司已决心要证明自己的优秀，他越升越高，直至淡出了世人的视线。所有人都惊叹地看着他往上攀升，只有帕特里帕坦的那个老伙伴除外，他在幸灾乐祸地等着对手出洋相哩。不过祭司并没受到神的折辱，反而携着胜利的荣光归来了：他在手中展示了那朵赐福之花，宫廷当众宣布他是最优秀的祭司。

帕特里帕坦的那个人类朋友妒火中烧，他出其不意地挺身而出，发表了一条挑战宣言。宫里的人竟然觉得这就算是个壮举了，他们是不知道在场的还有一位可以做得更漂亮吗？"你自己上吗？"他们问道。"不，"他答道，"帕特里帕坦！"你可以想象这引来了多大的一阵窃笑。不管怎么看，帕特里帕坦都是一只好猫，可大家还是一致同意它不可能表现出比最优秀的人类更大的美德。但既然发起了挑战，那就必须拉出来遛遛了。

人类喜欢把我们喵星人置于尴尬的境地，这方面简直臭名昭著，最典型的情形就是把我们从某个舒服的地方拖出来，然后带到完全陌生的人面前，指望我们会像对待最亲密的朋友一

1　迪文迪伦是这个传说天堂中的众神之首。

样对待他们。但要让帕特里帕坦来担纲这场大戏表演，那就是古今独一份儿的尴尬了。尽管如此，它还是一只死心塌地的忠猫。为了满足这个人类朋友的愿望，帕特里帕坦当即向天堂飞升而去。

你尽可以想象一下：天堂，非常遥远，而且即便那里广纳了一切的壮丽辉煌，也从来没有一只猫能踏爪此地。你可以猜到众神对帕特里帕坦的出现该有多么高兴。它被众神的手所环绕，成百上千只手都伸了过来，以爱抚来回报它，就好像它是个非凡的偶像似的。事实上，他们是有点高兴得过头了，给它一朵圣树上的花自然不在话下，但他们都舍不得让它离去。一只小猫当然很难违逆众神，但它作了一番解释，说自己必须返回人间。毕竟发起了这个挑战，宫里的人都等着它呢。

天堂众神都被它迷倒了，但出于同情，他们还是提出了一个妥协方案。为了不让帕特里帕坦的这段逗留期太早结束，大家一致认为它应该等上 300 年再回去。几个世纪不过是天堂的一瞬，但由于凡人的寿命实在可怜，300 年对下界等待的人来说就太过漫长了，众神为此又做了进一步的安排——让那些人的时间停止了。就这样几周过去了，几年过去了，几十年过去了，他们一天都没有变老。

大家都觉得这事儿实在奇怪，但没有人想到这可能和一只很久以前失踪的猫有关。然后在三个世纪之后，天空突然像一团火焰一样闪耀起来，真相终于揭晓了，人们惊叹地抬起头来，他们看到一朵千色祥云从中央散开，露出了一尊完全由圣树上的花朵组成的王座！坐在宝座上是谁呢？不是别人，正是帕特里帕坦，它降临世间就是为了证明猫可以与最优秀的人类相比拟，甚至更加优秀！

我承认帕特里帕坦的故事只是个神话，但我们能因此轻视它吗？这样的故事无疑只能在一种高度尊重我们的文化中才构想得出来。当然，这很大程度上也要归因于当地的轮回信仰，我从动物的角度都能看出这是最吸引你们的宗教概念之一。并不是说轮回给了我们这些生灵一个分享人类灵魂的机会就是尊重（我自己的灵魂挺好，谢谢！），我的意思是你们这个物种往往需要一些哄骗才能做正确的事。轮回意味着前世的人可能会在此世变成野兽，这种观念能起到额外的激励作用，促使人们给予其他生灵应有的尊重。

在亚洲各地，转世为猫尤其会被视为人类灵魂终获开悟的最后阶段，这使得猫在那些地区格外受人尊重。事实上，这种观念由来已久，英国人于19世纪殖民印度时仍在流传，所以猫史上也留下了一桩奇闻轶事。托马斯·爱德华·戈登（Thomas Edward Gordon）将军是英军的一名指挥官，其部队曾占领过孟买周边地区，他在日记里记录了当地总督府的一个在他看来很诡异的习俗：印度警卫会向所有碰巧从前门踱出去的猫敬礼并举枪致敬。猫的想法可能是"这对他们有好处",但英国人的反应有点不同,向猫举枪致敬是严重违反军事礼仪的行为,所以这个正派的将军就展开了调查。

调查结果是这样的,1838年傍晚时分,孟买总督罗伯特·格兰特爵士(Sir Robert Grant)在这栋府邸里去世了。恰巧就在他亡故之时,有人瞧见一只猫走出了前门,循着总督每日黄昏都会走过的那条小路迈去。英国人倾向于把这归结为巧合,信印度教的哨兵却认为这其中可能还预示着更多的含义……毕竟这只猫的举动的确跟总督平日里的一模一样。这么一个广受尊敬的人,他的灵魂就不可能在生命终结后变成一只受人尊敬的猫吗?人们咨询过一位高种姓祭司后证实了这个怀疑:格兰特总督的魂魄已经转生到了这块地界上的一只猫身上。

如果情况属实,警卫们都觉得他们有义务向这只猫献上前总督所受过的所有礼遇。但这也有一个困惑,因为当时人们是隔着老远看见这只猫的,光线很昏暗,当地的猫也比较多,所以没人能确定那是哪一只。如果它们都有可能是前总督的化身,那哨兵们该怎么办?于是从那时起,他们就决定以同等的礼节对待所有猫,以免对前总督失礼。不管怎么说,最好还是谨慎行事。在戈登将军来到孟买时,他们向猫举枪敬礼的惯例已经保持了四分之一多个世纪。

英国人对这种事完全是一头雾水,但对亚洲的数百万民众来说就不是什么问题。几个世纪以来，人们一直认为某些品种的猫是有神佑的，他们相信这些猫可以充当逝者灵魂的容器。在古时候的缅甸，毛长而柔滑的蓝眼伯曼猫（Birman）就是其中之一，传说它们祖先是由众神所造，只为在国史上的紧要关头容纳一位伟人的灵魂。这当中最著名的一只名为闪莫（Sinh），它住在一座山上的寺庙里，后来这座寺庙就成了这个品种的代名词。

这寺庙名为拉瓦兹神庙（Lao-Tsun），位于缅甸最北端的印多吉湖（Lake Indawgyi）附近。相传古时曾有一群喇嘛教僧侣居于此庙，住持是德高望重的蒙哈（Mun Ha），他一生都在虔诚地供奉着那位拥有蓝宝石般明亮双眼的灵魂引渡者——尊贵女神（Tsun Kyankze）。蒙哈以闪莫为伴，所有见过这只猫的人都觉得它很有智慧，有人甚至说它堪比圣哲，而且它还非常英俊，金色的眼睛就像寺庙的镀金雕像一样闪闪发光，身躯则是一种光彩逼人的白色。

它虽有这些优点，却也不是一点毛病都没有。它不是我们今天所知的那种伯曼猫，尤其需要注意的是，它的耳朵、尾巴、鼻子和爪子都带着一抹类似泥土的暗色。考虑到这只猫圣洁的姿态，有人觉得最好把这些变色处看作某种象征，也许闪莫是意在提醒寺庙僧众，土地和所有踏于其上者都不免沾惹尘埃，即使是大地上最脱俗的生灵也无法规避这一普世真理。

这位智慧的僧侣和他这只智慧的猫一起度过了许多年，但岁月无情，最终让蒙哈变成了一个年老体弱的人。在那必然的结局到来之时，他正坐于宝座上，内心已归于沉寂，但他离世的那一刻并不那么平静。蒙哈患病期间，闪莫一直相伴左右，不愿离开，此时它又跳到了它那了无生气的主人的头顶上。"嘿，你在干吗？"寺里的所有僧侣无疑都很好奇，但还没人来得及抱怨一句，它就弓起背，目不转睛地盯着前方。它的目光锁定在蒙哈敬奉已久的那座尊贵女神像，闪莫的意思很清楚：那位僧侣的灵魂已经当场转生到这只猫的体内了。

若是有人心存疑虑，那么接下来发生的事也会打消他们的疑虑。闪莫洁白的背毛陡然竖起，呈现出一片金色。它的双眼也从金色变成了深蓝色，与女神的瞳色如出一辙。不止如此，它四肢上的垢色也变成了白色。这些正是伯曼猫的特征，闪莫不仅汲取了那位圣人的灵魂，而且在此过程里也成为这一品种的先祖。这种蜕变虽已堪称奇迹，却也只是即将发生的那桩戏剧性事件的前奏。

当时缅甸正与暹罗交战，一支敌军已逼近此地。但在庙内，所有人都还沉浸在眼前的这一异象之中，以至对危险毫无所察……只有那只猫除外，它终于把目光从神像上移开，牢牢地盯着南门，眼睛就像宝蓝色的火焰般熊熊燃烧着，其含义同样显而易见。危险迫在眉睫了，僧侣们当即行动起来，封锁了入口。时机真是恰到好处，赶到的入侵者们虽发起了猛攻，但几扇大门都

关得严严实实。僧侣们还彻夜不停地加固它们，逼得暹罗军无功而返，转道去寻找更容易拿下的目标了。拉瓦兹神庙就此躲过了一场渎神和劫掠的危机。

但即便到此时，这段插曲也并没结束。闪萸始终没有离开过宝座，接下来的七天也是一样。它的目光重新聚焦于尊贵女神像上，毫不动摇，甚至在敌人撤退之后，它眼中的火焰也依然炽烈。这只猫似乎是在与那位灵魂引渡者交流，而且完全沉浸其中。可到了七天之后，闪萸的目光终于开始游移。它的眼皮突然变得格外沉重，随后便阖上了双眼，而它那俗世的身躯也跟着晃动起来。这只猫了无生气地倒下了，跟那位老僧倒在了同一个地方。闪萸去世后，蒙哈终于魂归女神那充满爱意的臂弯之中。

幸存的僧侣们都退回到自己的房间，一心思量着他们所看到的一切。又过了七天，寺内的俗务还是到了必须解决的时候。当务之急是要任命蒙哈的某位继任者为住持。他们再次聚拢到尊贵女神像前商议，奇迹就在那时发生了。庙里所有的猫都朝他们跑来——除了闪萸之外，住在拉瓦兹神庙的猫还有不少。

但它们的样子都和以前不同了。每只猫都变了，变得跟闪萸一模一样，全都是金毛、白爪和深蓝色的眼睛。所有猫都变成了伯曼猫的样子！它们围绕在最年轻的僧侣身边，向他示好，显然是希望他能继承蒙哈的衣钵。现在没人再怀疑庙里这些猫的智慧了，众人当即就奉那位僧侣为住持。自那时起，庙中人就认定，只要有一只伯曼猫亡故，它都会将一位圣者的灵魂带入涅槃之境。

谈到闪黄的故事，暹罗人肯定会发现他们站在了猫的对立面，我估计他们多半会觉得意外，因为暹罗人也一样认为我们是人类灵魂的容器。事实上，他们的这种信仰极其坚定，有时甚至会把一只活猫放进某个大人物或皇族的坟墓里。"等等，芭芭，这听起来也太残忍了吧！"哎呀，好了，别慌，那只猫不是被活埋的，把它埋起来就有违初衷了。人们事先已经挖了一些可以让猫钻出来的洞，小猫一旦从中现身，就代表人的灵魂从阴间回来了。大家随后就会举行盛大的庆祝活动，这只重生的猫则会被护送到一座寺庙里，它以后都可以过上奢侈的生活——从猫的角度来看，这是一种应得的回报，被关进一个装着尸体的盒子里可不好受。

但是说到我的暹罗同胞，有一个品种总会闯入我的脑海，它们和这个国家的关系非常紧密，以至于都成了该国的同义词。你们人类说得没错，暹罗猫，它们是最古老的纯种猫之一，被誉为世界上最聪明的猫科动物。好吧，这还真是个骄傲的自夸呢。不过请记住一点，这话是在像我这样的美国街头流浪猫还不存在的情况下才成立的，我们只能推测这大概一度是真的。无论如何，暹罗猫把自己的旗子立得挺高。暹罗猫优秀的证据就在尾巴尖儿上，传说那个特有的弯折并不是一种缺陷，而是这个品种非凡性格的象征[1]。

这故事讲的是古暹罗的一位国王要出宫远行，但他很担心有人会惦记他收藏的一枚价值连城的戒指。他绝不敢轻易托之于人，除非是最值得信赖的亲随！他毫不怀疑自己所有的廷臣都非常正派，但深思熟虑之后，他还是不可避免地得出了一个结论：他的猫才是最忠实的。啧啧，我并不是贬低人类，但我估摸着他这个判断是对的，因为贪婪这种恶习哪怕在正派人里头也不少见，但猫就没这个毛病[2]。所以，国王就明智地要求猫来保管这枚戒指，猫同意了，但它也明智地提出了一个不同寻常的要求——它请国王把戒指套在自己的尾巴尖儿上。幸好泰族王室明白我们喵星人最有经验，所以就照做了。等国王回来的时候，他发现猫的尾巴尖儿已经扭成了一个结——为了守护珍宝，这只忠诚的宫廷猫把自己的尾巴扭了个结。

从那时起，这只猫的亲戚们就把这个结当成了它们荣誉的象征，这本该是所有暹罗人的骄傲，但很遗憾，在曼谷皇宫之外，没人有机会亲眼目睹这些功勋卓著的小猫。人类可以非常爱护他们的猫，我们一般也认为这是个很迷人的特质，哪怕并没有必要。但就暹罗猫来说，王室的占有欲达到了专制的程度，他们把这些

1　暹罗猫的尾巴末端常有一个弯折，属于基因缺陷。
2　也不一定，中国就有馋猫一说。

猫全部据为己有，而且严禁将这个品种带出宫外。他们对这个事儿看得有多重呢？考虑到对带走一只猫的惩罚是处死，我们推测确实是非常重了。这使得暹罗猫成为一个巨大的猫咪谜团，虽然曾有人在大门外窥视，只为了一睹这些神秘野兽的真容，但在外界看来，它们仍然笼罩着一层神秘的面纱。

我必须得说，为了满足地位上的需求而剥夺猫的公民权，这不过是一种精英主义，而且极其有违猫的天性。万幸的是，这种限制只针对暹罗猫这一个品种，所以老百姓还可以喜滋滋地收养很多其他种类的猫。为了不让人认为是王室为了挑选纯种动物，就把最好的猫给搜刮走了，且听我说：我们喵星人不会按种族或品种来评判你们人类，所以也请你们对我们客气点吧！当然，在老百姓眼里，他们养的普通猫并不比宫墙后的猫逊色分毫。

想想《泰国猫论》(*Tamra Maeo Thai*) 里的话吧，这是一部权威的猫咪典故汇编，已经传了好多代。书里罗列了除了暹罗猫之外的十七种猫，说是若以它们为伴，能保兴盛安康。你肯定对这些吉猫的种类很好奇。想必它们都和王室看管的那些能带来这般福气的猫一样罕见吧？噢，确实罕见，没错。我们来看看哈……这名单上有白猫、黑猫和灰猫；各式各样的黑白相间的猫；还有各种棕毛猫或铜色猫；以及……先等会儿……总而言之，几乎啥猫都有。那好办了！就让宫里去养他们的猫吧，对暹罗的其他人来说，随便养哪种猫都会带来福气的。

　　若继续向亚洲最东岸进发，我们受到的欢迎会更加让人难忘，不过还有个问题必须先说清楚，你相信佛教界有段时间很厌恶我们吗？这个不幸的插曲是一场完全因人类的过错而导致的误会引发的，真是一点也不奇怪呢。我其实都不想提起这个话题，毕竟我们也不愿再拿这事儿来怪你们，不过我还是得讲讲，这样你们才会明白，哪怕在最好的时代，人类对身边的猫也不总是柔情蜜意的。

你有没有想过中国的十二生肖里为啥没有家猫？这就算不是彻头彻尾的侮辱，难道还不是一种明显的疏忽吗？关键是这里头还有兔子、蛇和另一些远不如猫有用的动物，噢，还包括龙——而它甚至都不存在，而且看在老天的份上啊，连老鼠都有！好吧，故事是这样的。大约就在我们进入中国的那个时期，有人给我们罗织了一个极其不公的罪名。我不知道这算不算是意图阻碍喵星人迁徙的阴谋，但肯定有这个迹象。

传言在佛陀的葬礼上，各种生灵的代表都前来参谒。在它们之中，在世上已知的所有物种当中，不守规矩的只有猫。据说在那最悲痛的时刻，出席者们无不低头默哀，猫却扑出去把老鼠咬死了。由于杀生违背了佛陀心中那不容亵渎的律令（他对于文明之事无所不知，但对于有老鼠相伴的生活则是一无所知），大家从此就形成了一种偏见，就这一次，我们……招人厌了。

幸好这种偏见没有蔓延到普通人身上，尤其是农村地区的人，他们对我们在葬礼上的表现不大在意，但对我们限制啮齿动物的能力倒一直是相当钦佩。不过很多寺庙都不欢迎我们，庙里那些还不熟悉我们个性的人类都受到了误导，觉得我们不适合做伴。当然，时间可以愈合所有伤口。事实证明，等到那些蟊贼又来兴风作浪的时候，这伤口会愈合得特别快。很多寺庙后来都发现寺内收藏的贵重手稿无不面临着被鼠辈啃噬的危险。可能他们最终也觉得猫捉老鼠毕竟还是有些道理的吧，所以就向我们求助了。多讽刺啊，对吧？猫先是被一个在佛陀葬礼上咬死老鼠的谣传所诽谤，然后佛教徒又请我们帮他们杀掉现实生活里的老鼠！而人类还宣称反复无常的是我们喵星人。

但现在你知道了吧。最后这些佛教徒也站在我们一边，崇拜起我们来了，不少寺庙都变成了名副其实的猫咪殖民地。随着我们的声名日隆，德高望重的人养猫在中国也成为一种传统，孔子就是其中之一。佛教徒为了弥补他们的轻疏，让我们搭便车去了喵星人在亚洲的最后一个目的地：日本。按你们的公历来算，我们在 6 世纪就和中国的和尚们一起来到了日本。当然，布巴斯提斯那时已变成了一片废墟，伟大的法老们也只留存于人们的记忆之中，可谁能想到我们的声望竟没受多少折损，甚至恍如回到了那个辉煌的年代。即使那古老的太阳已隐没于暮色之中，这些翡翠般的岛屿也能让它再度升起，迎来一个崭新的黄金时代的曙光。

最早来到日本的猫都被人当成了无价之宝，而且成了贵族的伴侣，他们不仅觉得纵容我们闲聊毫无问题，还会明智地询问我们对各种重大问题的看法。宫廷里的人对猫格外崇拜，所以一个人若希望得到天皇的宠爱，那么典型的做法就是送他一只出众的猫作为礼物。尤其是在一条天皇统治下的 986 至 1011 年间，我们受到了至尊的礼遇。他对我们充满了道义上的激情，所以哪怕一只狗想在皇宫里追猫，他也会把这只恶犬的主人关进监牢。万岁！能施行这样的正义之举，真是一个有见识的君主。咱们还是面对现实吧，狗儿们胡作非为，根子十有八九都在人身上。

一条最喜欢一只从中国引进的雪白色的猫。这只名为"命妇"（后宫职衔）的猫在999年5月10日生下了一窝小猫，天皇觉得这是个大吉之兆，于是便对宫人下旨，要以对待年幼皇子般的关爱之心来养育它生下的这些小猫。但这还只是一个大动作的前奏，因为他后来又颁布敕令，要把所有猫的地位都升格为贵族！从此以后，我们就在那些高门大宅里尽享了宠爱，精英阶层对我们就像待孩子一样。我们在这个时期极受世人尊崇，他们甚至会把我们称作"tama"（たま），意为"玉"。

然而把我们升格为贵族却带来了出人意料的后果。日本的这种习俗意味着我们不能再从事任何被视为体力劳动的工作啦。啊，用爪子干活就不高贵了吗？好了，你们自己去争辩这个问题吧，你们人类就是比我们喵星人更喜欢争论社会阶层的优劣。对于这个话题，我只说一点：我们活着就是要把四只爪子都牢牢地踏在泥土上，我们不会让它们闲着，要是在自然界里不这么做，那就违背了我们为自己的生存而劳作的原始需求。所以，从猫的角度来看，工作不仅是可取的，对于品格的养成也是必要的。

这场争论在你看来可能没有多大意义，然而在日本却产生了

深远的影响。因为一条的敕令虽然是当之无愧的宽仁厚德，但不幸也使得捕鼠这个卑微的职责不再符合我们的地位了。莫名其妙啊。我们捕捉啮齿动物的能力不仅从一开始就缔造了我们和人类之间的纽带，我们本身也非常享受其中的乐趣——现在我们都优秀到不适合干这行的程度了？这个转折奇怪吧！所以，日本曾是世界上唯一一个不鼓励猫捉老鼠的国家。

结果这给日本的布料生产商造成了大麻烦。我们过去一直在跟那些掠食他们蚕茧的蟊贼做斗争，但如今他们就在仓库和作坊里放置了一些类似稻草人的猫咪塑像，或者准确点说是"稻草猫"，想让它们替代活猫。我只能嘲笑人类的天真，他们竟然真以为那些跟人一样狡猾的老鼠会被这么一个可笑的诡计蒙骗，不过，我敢肯定日本的猫咪一点都不会觉得这种状况好笑。是的，它们都被隔离在舒适的套房里，可代价就是助长了它们的宿敌的气焰，让那些鼠辈们可以随心所欲地吞食蚕茧，而这几乎给整个行业都带来了一场灾难。

日本皇室固执地坚持着这种爱猫事业，尽管不合时宜，却也值得称赞：即使日本的猫都迫不及待地想重返战场，皇室还是用了三个世纪才最终默许。当然，最后也是别无选择了，只能让我们回去工作，而我们的贵族地位也不可避免地随之取消了。就此来看，人们可能会觉得老鼠获得了一场罕见的胜利，因为它们确实想方设法地把我们从高台上逼下来了，但它们所谓胜利全都会付出相应的代价。我们在这儿不就亲眼见证了老鼠的愚蠢吗？只要不碰蚕茧，那它们差不多可以和我们一样兴旺起来。然而我们又回到了丝绸厂，这就是对它们那种自鸣得意的态度的回敬。

你要是想知道被降职成老派的普通上班族会不会让我们心生

怨恨，我可以向你保证没有。请记住，作为一个对人类所具有的那种不安全感免疫的物种，无需任何官衔，我们喵星人也一样对自己的高贵品质充满信心。我得坦率地承认，我们虽喜欢被人宠爱，但也同样喜欢在泥土里打滚和爬树这样的路人消遣，仅仅因为人类觉得这些简单的乐趣不成体统就要剥夺它们，这就很讨厌了。捉老鼠能给我们带来快乐和成就感，这是坐在丝绸垫子上的细腻感没法相比的——说得好像没有我们保护蚕茧也能有丝绸垫子可坐一样，这可能也就是最终平息了劳动贵贱之争的原因。

无论如何，我们为这个国家的付出还是起到了一个作用，那就是肯定了我们作为百姓之友的地位，我们头衔的丧失也因为公众一直以来对我们的深情厚意而得到了大大的弥补。日本民间流传着一些世上最动人的猫咪故事，人们借此对我们的智慧、奉献乃至无畏的陪伴表达了敬意。比如，有个故事讲的就是一只猫非常有智慧，甚至能给强大的主人传道解惑。

一名地位显赫的武士被一只可怕的老鼠给缠上了，这老鼠在他家横冲直撞，为所欲为，而且体形太大，连武士养的猫都被它赶走了——在我们贬低这只猫之前得明白一点，除了这种极特殊的情况，它在人们眼里一直都是十分出色的。当地其他的猫也都概莫能外，它们逐一被征召过来，却没有一只能扭转战局，哪怕是那些最勇敢的猫也是一样。武士绝望了，他只得亲手来猎杀这只野兽。他所受的侮辱足以让他拿起自己的宝刀去斩杀那蟊贼，但即使这样也无济于事，雪上加霜啊，因为这只老鼠实在太快太聪明，躲闪对它来说简直是小儿科。

最后，这武士听得了一个消息，有只猫比当地所有的猫都更善于捕猎。他找人把它送到了家里，但等它来的时候……嗯，我们这么说吧，它的样子和姿态跟它的地位是有些不相称的。它的名声肯定是在往日树立起来的，或者不如说是往年吧，而且应该很有些年头了，因为它已经都形容枯槁了，如今不过是一只虚弱的老猫，丝毫看不出以往辉煌的迹象。更要命的是，它好像对捕猎一点兴趣都没有，宁愿像个木桩子一样坐着，而那只大老鼠则来回乱窜，像逗傻子一样戏弄它。

很长一段日子就这么过去了，对这只名声扫地的猫，武士只觉得有些哭笑不得。直到最后，这猫带着一丝明显的倦意站起身来。它慢慢朝那只老鼠走去，而老鼠则回以嘲弄的眼神。随后事情就这么发生了：猫猛然跃起，扑了过去，迅如风，敏似鹿，那怪物一下子就不见了。转瞬之间，这猫又昏昏沉沉地坐了下来，仿佛只是完成了一个最平凡的任务。

武士却满心敬畏地看着它。他的刀刃伤不到这老鼠一根汗毛，但这只年迈的老猫竟轻而易举地就把它干掉了。出于敬意，他恳求老猫告知其中的隐秘，因为它显然知道一两件无人知晓的事。最后，老猫勉强同意了，它向主人透露了战斗的真谛：战斗的基础不是力量，而是自控。不要急着开打。花时间研究一下敌人，了解他的动向和性情——不要自负，骄兵必败。"不必在意敌人对你的看法。"猫解释道，"就算他把你当成软蛋也无所谓，只要能诱惑他，让他产生一种虚假的安全感就行。等到他放松警惕之时就迅速出击，将其击败。"这当真是一只智慧的老猫，能教一位勇士怎样战斗。

现在我们还是先把传说放一放，来讲个真猫的故事吧，毕竟日本最棒的猫咪故事肯定不只是个寓言。这故事固然有不同的版本，而且没有一个能确凿地被证实，可咱得明白，这只能怪人类的记性不行。由于所有版本都有一定的相似之处，我们有充分的理由相信这个传说是有事实依据的。故事的背景位于东京都豪德寺（monastery of Gōtokuji）[1]，可以肯定这是一座建于 15 世纪的古寺，到 17 世纪时已衰败不堪。当时寺里只剩下一个和尚了，然而就在这寺庙摇摇欲坠之时，帮手来了，这也是故事里最重要的部分：一只非常特殊的猫将会让这座寺庙重现辉煌。

这是一只全身毛色纯白的流浪猫，寺里那个和尚收留了它。和尚心地善良，尽心尽力地照顾着这个同伴。但巧僧难为无米之炊，这对老伙计的处境已是朝不保夕。和尚的信仰本是他的支柱，但由于穷困潦倒，就连这也开始动摇了，他看着寺内的一片狼藉

1　东京世田谷区的一座佛寺。

吐露了自己的绝望。"我已经没办法了，猫咪，"他哀叹道，"我知道你若是有能力的话会帮忙的，但你毕竟只是一只猫。我不知还能把希望寄托何处了。"说到这儿，和尚的精神崩溃了。他最后拿出一把弦琴弹奏起来，心情也随着琴声而逐渐黯淡。

哎呀，可真是个蠢和尚！他忘了在猫面前拨弦会发生什么了吧？那个老伙计肯定会用爪子去抓住那命运之弦的，和尚很快就会知道世上并没有"只是一只猫"这回事。不久之后，一场猛烈的暴风雨汹涌袭来，一位名叫井伊直孝的武士正和随从们在豪德寺附近的道路上前行，大伙都为这瓢泼大雨所困。他冒着雨势四处寻找暂避之所，陡然间看到远处有一只白猫。但它在干吗呢？好像在用爪子示意……招他们过去？

这是一次意外的邂逅，但众人都相信猫的智慧，它转身走去时，他们也紧随其后，在狂风的呼啸中，它领着他们穿过一条小径，来到了一座可以避雨的寺庙。就是在那里，武士见到了和尚，豪德寺这位人类住持的智慧和谦卑的关照给这位强大的藩主留下了深刻印象。他对这处庙产的现状深感难过，发誓要资助此地，并将其定为自己家族的神庙。

自此以后，豪德寺不仅烟火兴旺，还成了全日本最富最美的寺庙之一。为了感谢这只接引恩主的猫，寺内僧俗对喵星人都十分尊崇。你们当中有些人甚至把豪德寺称作猫寺，因为寺里的地面上都堆满了猫的塑像，那都是铲屎官们为生病或失踪的猫祈祷而供奉的，里面甚至还有一块猫的墓地——这是自古埃及时代以来所仅有的一个——信众们会在那儿向佛陀祷告，希望离去的猫能够达至涅槃之境。

人们还可以看到几百只活着的猫在寺里闲逛，这不稀奇。但你能想象故事里的那只猫还在那儿吗？嗯，某种意义上没错……因为，你懂的，它几乎无处不在，因为它已经成了世界上最著名的猫咪形象之一了。噢，对不起，你看我这脑子。我一开始是不是忘了把这只猫的名字告诉你了？好吧，也许你猜到了，因为它碰巧是我们喵星人中最深入人心的了。对了，就是招财猫，一只闻名遐迩的好运猫，它会举起一只爪子做出招手的手势，这个姿势就是为了纪念它接引武士前去寺庙的那一刻。所以啊，那些顽固地认为我们猫都是以自我为中心的怀疑论者可能得想想了，猫的报恩之举怎么就变成了你们人类世界里最受喜爱的好运符号的呢？

好了，朋友们，我可以满怀热情地继续吹嘘日本人对猫的热爱，但我们已经来到了太平洋，现在该把注意力转移到其他地方去了。另一场冒险其实早已开始，而且理应获得我们的关注，那就是征服欧洲之旅。我们先要把时钟拨回到大约 2500 年前，甚至要回到布巴斯提斯依旧称雄的时代。我们的老朋友利比亚猫对地中海北岸提不起兴趣，这使得当地的农民处于明显的劣势，让他们简直没法跟中东和埃及那些发达起来的农民相比。

但当时在黎巴嫩沿岸有一支被称为腓尼基人（Phoenician）[1]的文明。他们既不是宏伟的纪念碑的建造者，也没有一支强大的军队，但他们很狡猾，而其辉煌也皆系于此，因为他们把自己打造成了古代世界最伟大的海上商人，派遣船只在大洋中航行，通过商业而非刀剑来征服异域。为了靠贸易生存，腓尼基人把自己训练得对好东西格外敏感，在驯化的猫身上，他们就发现了一桩极好的事。

他们推断，若能把这些猫带到地中海对岸，那肯定能开发出一个有利可图的市场。他们对这一点还是比较确定的，因为——想想都让人发抖——早期希腊人没有猫，为了保护粮食，他们只能用黄鼠狼和石貂来对付那些啮齿动物。还用我来告诉你这是个多要命的主意吗？这些动物野性难驯，就算在最好的情况下也很难应付，要让我们来评判的话，它们还很粗鲁。

在希腊卖猫肯定轻而易举，腓尼基人决定把我们带到他们的船上。我的这些最优秀的同胞自然是从埃及找来的。这些猫十分强健，引人注目，教养良好，所以也会热情地回应人类，这些特点会带来不菲的回报。唉，但还有个问题。埃及人对我们的尊重如此之深，觉得猫不能仅仅被当成商品，所以禁止我们出国。

---

1 一个古老的民族，生活于地中海东岸，善于航海和经商，在全盛期曾控制了西地中海的贸易。

但我跟你说过，这些腓尼基人很狡猾，说白了就是对你们这些同类不诚实，咳咳。在未告知埃及官员的情况下，他们就悄悄把我们藏在那些巨船的甲板下偷运出去了。想象一下这个隐秘的氛围吧：大胆的海盗偷偷溜出了港口，他们在船体内装满了猫，然后驶入了夜色之中。猫儿们会有啥反应呢？有一些肯定不喜欢受这些外国人摆布，另一些可能吓了个半死。不过其余的猫都全神贯注地期待着，因为它们知道自己踏上了新的冒险旅程。我觉得咱们应该和他们一起走，所以快点来吧，跟我上船，向彼岸进发！

我们的爱永恒不变，在西方人发明出罐装猫粮之前很久，日本人就已经开始为猫举行葬礼了。东京深大寺内设有全市最大的动物陵园，图中存放猫咪骨灰的壁龛就位于此地，这给人类提供了一个回忆和缅怀我们在天之灵的场所。

Dgi-Guerdgi Albanois
qui porte au Bezestein des Foyes de Mouton
pour nourrir les Chats.

B

60.

G. Scotin maj. sculp.

Avec Privil. Du Roi.

中东的商人确保不会让我们饿肚子。图中这个男人正在开罗的集市上给猫喂羊肝，他的动作对他腰上那个伙计来说有点太慢了，但我们还是很钦佩他的善行。图片标注日期为 1714 年，由让－巴蒂斯特·万莫尔（Jean-Baptiste Vanmour）设计，吉拉尔·斯科特（Gérard Scotin）雕刻。

Issued by the R.S.P.C.A.]

[The Editor's Address is 105, Jermyn Street, London.

THE ANIMAL WORLD

He prayeth best, who loveth best, | For the dear God who loveth us,
All things both great and small ; | He made and loveth all.—COLERIDGE.

No. 260.—VOL. XXII.   "BOTH MAN, AND BIRD, AND BEAST."   MAY 1, 1891.

Twopence.]   THE CATS' HOME, CAIRO.

英国皇家防止虐待动物协会（Royal Society for the Prevention of Cruelty to Animals）的期刊《动物世界》（*The Animal World*）在 1891 年 5 月版上报道了一位开罗苏丹的善举。他给当地的流浪动物捐赠了一座花园，即便在他过世后又经历了好多代人，它们在那儿依旧能得到投喂。

我们不知道这只猫姓甚名谁，但它戴着金黄色的项圈，被身着长袍的女主
人抱在怀里，无疑是得到了精心的照顾。日本人把我们称作玉或宝石可不
是说笑而已。这幅木刻版画是由八岛岳亭在 1820 年左右创作的一件摺物
（*surimono*），也就是用于特殊场合的私藏画像。

即使在日本，我们也不得不稍作妥协。比如，在这幅由蹄斋北马创作于 1814 年的
木刻版画中，猫就在啃鱼干。我们喵星人非常喜欢吃生鲜，但也许它的主人是想把
鲜鱼留着做寿司吧。

欧洲的胜利与悲剧

—猫咪帝国的兴衰—

Triumph and Tragedy in Europe

征服欧洲这片新土地，时机已然成熟，而且地中海北岸的热情迎接也进一步加强了人类和猫之间的关系……至少我们是这么想的。几个世纪的崇拜让我们忽视了接下来要面对的局面。这片新土地不久就会让我们陷入最深的绝望之中，正是在这里，我们见识了人类的背信弃义，此后还将忍受虐待，挣扎求生，而这种虐待是其他任何物种都不曾经受的。不过咱们还是先把这段黑暗的岁月留到后面再说吧。此刻，我们在晴朗的苍穹下航行到了彼岸，希腊的码头上笼罩着一片湛蓝，腓尼基水手们正在卸货，这可是一批神奇的货物。

　　第一批载着我们的船只抵达时，当地人都把我们当成了活生生的奇迹。此时大约是在公元前 7 世纪（或公元前 8 世纪），希腊人还是一个很粗鄙的民族，他们只见过四处打闹的野猫。家猫这个变种在他们看来相当奇妙。他们对我们柔软的皮毛着了迷，也为我们温柔的性格而惊叹不已。好家伙，我们愿意被抚摸，甚至还允许人类把我们抱在怀里——好吧，这要看情况！"它们可不仅仅是些新玩意儿，"那些商人兴高采烈地说，"因为这些猫还大有用处！"他们解释了一番，说我们比希腊人以往仰仗的捕鼠动物要优秀得多。哎呀，黄鼠狼和貂固然能干掉那些蠹贼，但它们都是野生动物，这些恣意妄为的猎手也可能会吃掉你的鸡哦。

但埃及猫是可以信赖的，这些被驯服的动物只会杀掉那些该死的啮齿动物（好吧，照理说是这样）。腓尼基人都是舌灿莲花的推销员，他们不费吹灰之力就把猫卖给了希腊人。希腊人甚至同意给黑猫支付额外的费用——那些商人宣称黑猫是猫界效率最高的猎手，因为它们黑色的皮毛让猎物很难察觉！真是这样吗？哈，不是！老鼠的嗅觉和听觉都极其敏锐，它们在黑暗中靠的是这两种感官，而不是视觉，所以猫的毛色根本无关紧要。没办法，每分钟都会有人上当，但大家非常兴奋，好像也没人费心追究这种细节。

当时地中海以北的人对猫的认识是相当业余的。但他们在另一个领域非常专业，正是在这个领域，他们对我们的历史做出了最重大的贡献：文字。起初，希腊人称我们"galê"，这是小型哺乳动物的统称，他们对黄鼠狼也是这么称呼的，因为我们一开始都被归成了一类。哼！但到了公元前5世纪，话语不断推陈出新，有些词至今还可以指代我们。最先使用的是feles，最终被feline取代了，紧接着是"catta"，这个词派生出了现代英语里的cat，

以及 chat、gato、katze 乃至诸多人类语言中发音相似的其他变体。

有个流传很广的故事还催生出了另一个单词,虽然是个不大讨喜的词。故事里讲到了一只名叫艾鲁罗斯(Aielouros)的猫。这个名字的词源是 aiolos(意为"动起来")和 ouros(意为"尾巴")——其实就是"摇尾"。这只可爱至极的猫后来变成了一个女人，其美貌甚至能与阿佛洛狄忒（Aphrodite）[1] 匹敌，惩罚随即降临，这个恶毒的女神把她打回了原形。这故事本身就是在自作多情，让你们人类那种老套的假设显露无遗（你们一个个的凭啥就认定我们更喜欢做人而不是猫？），但从中也衍生出了"ailurophobe"这个词，意指对猫怀有非理性的恐惧或厌恶的人。

这依然是一个黄金时代，然而，除了暴脾气的阿佛洛狄忒，希腊很快就成为一片嗜猫癖（ailurophiles）的国度，几乎找不到恐猫症患者了。希腊人急于分享他们新发现的奇迹，随着实力和威望的增长，他们继承了腓尼基人未竟的事业，把我们带到了更远的地方。喵星人再度踏上了征途，噢，我们走得可真远啊！希腊的殖民者把我们带到了巴尔干和黑海沿岸的军事基地，还有他们在马萨利亚（Massalia）的定居点——要说是法国的马赛（Marseille），你大概更熟些？我们和当地的商人在那儿一起登船，沿着隆河（Rhone River）一路北上，轻轻松松地进入了德国。

意大利的猫也是希腊人引介过去的，希腊人把我们带到了他们在西西里的殖民地，我们又从那儿登上了意大利半岛。等我们来到罗马的时候，嗯……恺撒看见的，我们也跟着看见了；恺撒去征服，我们也紧随其后。我们受邀加入了他的军队，以免罗马

---

1 阿佛洛狄忒，古希腊神话中的爱情与美丽之神，后演化成罗马神话中的维纳斯（Venus）。

人的物资落入那些蟊贼之手，此后，我们就和这支帝国军团保持着同一步调，一路行进到了不列颠尼亚（Britannia）[1]。

"你们哪会有这样的成就！"心存怀疑的人讥笑道，"你们难道不是被奴役了吗？不就是被人当成了强制性的劳动力带到了这片大陆的四面八方吗？"我不否认我们是被人当成卑微的捕鼠匠引入欧洲的，但我们都知道一个从小利比亚猫的时代流传下来的制胜秘诀：靠勤奋的工作来保障人类的物资供应，我们就再一次在人心中赢得一席之地，哪怕最铁石心肠的人也不例外。如果你不信我的话，想想罗马战士们对我们的溺爱吧，他们可是最早以家猫作为纹章动物的人。啧啧，就算是埃及人也没到这个地步，埃及军队更喜欢狮子头的塞赫美特。但罗马奥古斯都步兵团（Ordines Augusti）的盾牌上都印着一只绿色的猫，资深步兵团（Felices Seniores）的盾牌上则印着一只红色的猫。

当然，在北方，恺撒的许多士兵都是雇佣兵，血统上并非罗马人，这给我们的征服又提供了便利。随这些军团一起行军的猫都被分配到了各个要塞，外面一般看不到它们。如果这些士兵全是罗马人，我们就一直都会是个机密了，还好一些当地的士兵有机会从近处了解我们的优点。所以即便帝国的势力后来削弱了，

1　罗马帝国对不列颠岛的古意大利语称呼，后据此设立了不列颠尼亚行省。

我们的力量却变得愈发强大。那些庞大的城垛被遗弃之后，我们并没有返回永恒之城[1]，而是被附近村庄的雇佣兵当成战利品带回了家。

我们在这些新社区里不断发展壮大，而且事实终将证明我们取得的胜利比强人恺撒的功勋还要伟大。这千真万确，我的朋友们！我并不想让帝王们太过难堪，但图拉真（Trajan）[2]梦中的征讨大业还得交给罗马的喵星人来完成；毕竟他的军队被一些善战的部落阻截了，而且从未成功击破苏格兰……我们却做到了。我们靠的是拥抱和咕噜，而不是鲜血和兵刃。但我们也没停下爪步，接着又搭上商船，勇敢地向斯堪的纳维亚半岛进发，前往那片粗犷的北部地区，而强大的维京人（Vikings）就在那里出没。

对另一些人类来说，这些可怕的北欧人简直就是恐怖的代名词。噢，但他们对我们可温柔了。他们手很结实，长满了老茧，布满了战斗留下的伤疤和血污，然而当他们放下斧头，在寒夜里为寻得片刻的欢愉而轻抚温暖的猫毛之时，他们的手对我们来说又变得柔软了。啧啧，他们太迷恋我们了，所以为了让我们在他们的船上尽职，还会特意帮助我们繁衍，这一传统在现代挪威森

---

1 指罗马城。
2 古罗马安敦尼王朝第二任皇帝，罗马五贤帝之一，98—117 年在位。

林猫中得到了保留。所以咱们在这儿就别争论了吧？如果你们当中有谁觉得"养猫的男人"就是娘炮，那可以随便找个维京人来论论理。

正如异教世界一直都能跟我们共情一样，我们新结识的这些人类朋友也延续了跟我们分享他们的精神生活的传统。希腊人很快就接受了猫的神圣性，并宣称我们是阿尔忒弥斯（Artemis）[1]的伴侣，罗马人也以猫来搭配狄安娜（Diana）[2]。这两位女神都拥有变成猫的能力，阿尔忒弥斯和家猫的关系格外密切，这使得"是她创造了我们"这一故事成为希腊传说中一个主要内容。

我们可不是空着爪子来到欧洲的，我们还带来了埃及人为猫所创构的原型意义，这样就可以进一步增强我们新的守护神的力量了。阿尔忒弥斯和狄安娜成了家庭领域的守护者，幸福的保障者和生育的捍卫者。继承埃及人将猫与月神联系起来的传统，这两位也都成了月亮的守护神。我们甚至每晚都会陪着阿尔忒弥斯，在她驾着战车把那轮巨大的银盘拉上夜空之时，群猫都会紧随其后，大口吞嚼暮色中的鼠辈。

这些女神虽可敬，但她们也没法完全满足我们的需求。猫和魔法的亲和关系怎么能漏掉呢？古希腊人和古罗马人也感觉到了这点，所以把我们和赫卡忒（Hecate）[3]结合到了一起。这是一位永恒的神秘女神，统治着人类可感而不可见的那些神秘事物。她的力量可以施于冥府、临界空间、梦境和魔法实践之中，古典世界所有知名的女巫都会召唤她，其中包括喀耳刻（Circe）[4]、美

1　古希腊神话中的月神和狩猎女神。
2　罗马神话中的月亮与橡树女神，可对应前文的阿尔忒弥斯。
3　古希腊神话中的魔法女神、鬼魂女皇与地狱女神。
4　古希腊神话中的巫术女神。

狄亚（Medea）[1] 和塞萨利（Thessaly）[2] 的女巫们。她的神殿里常住着一群猫，尤其是黑猫，我敢肯定你们得知了这件事也不会觉得意外，与夜晚的亲近关系让它们自然而然地与这位女神联结到了一起。

赫卡忒甚至收留了一只落难的流浪猫给自己做伴——该夸还得夸，史上最早的救猫记录就出自古希腊神话。这猫名叫加林蒂亚斯（Galinthias），本是阿尔克墨涅（Alcmene）[3] 的人类女仆，阿尔克墨涅与宙斯行房后怀上了赫拉克勒斯（Hercules）[4]。赫拉（Hera）[5] 对丈夫的不忠火冒三丈，于是竭力阻止这孩子出生。但聪明的加林蒂亚斯想办法分散了这位女神的注意，让她老半天才回过味儿来。为了报复，赫拉把加林蒂亚斯变成了一只猫。赫卡忒后来收留了她，因为她通过加林蒂亚斯所做的牺牲看到了猫咪忠诚的一个完美例证。这就开了一个先例，赫卡忒的女祭司们都很受鼓舞，纷纷去寻找自己的猫咪知己，由此便催生了女巫养猫的传统——注意了，它们可不是"女巫的熟人"，而是她们理想的精神伴侣！

在异教欧洲的任何地方，情况也是一样。在遥远的北部地区，

1　古希腊神话中的女巫，喀耳刻的侄女。
2　古希腊中北部地区，传为巫术之乡。
3　古希腊神话中宙斯的重孙女，被宙斯诱奸后生下了大力神赫拉克勒斯。
4　古希腊神话中最伟大的英雄，天生神力。
5　宙斯之妻。

维京人也认为我们是一种灵性的存在。他们宣称我们是亚麻发色的芙蕾雅（Freya）[1]的伙伴，这是另一位与天伦之乐和生育有关的女神，而且她和自己的猫形影不离。啧啧，她行遍大地保佑丰收的时候，它们甚至会拉着她的车驾穿越天际。噢，也许我的读者会有些迷糊。"芭芭，芙蕾雅不是率领英灵（Valkyries）[2]作战的那个凶猛的女战神吗？"没错，就是她！

芙蕾雅会穿着闪闪发光的盔甲降临战场，从中挑选一位最英勇的战死者送往天国，战斗结束后，她又会回来主持家务。她这两种分裂的身份在你看来或许有些不协调，但跟我们喵星人可搭配得很。别忘了，埃及人就注意到了我们性格中的这两个相异的面向，恋家，却也凶猛。为了作出区分，他们把这两者分配给了巴斯泰托和塞赫美特。但在芙蕾雅身上，两者合而为一了，这或许也使得她成为一位最像真猫的古代神祇。

在德国和波罗的海一带，一些与芙蕾雅类似的神灵也是人尽皆知，不过他们一般会称之为赫尔（Hel）或霍尔达（Holda）。名字可能变了，但与猫的关联却未改变。充满感恩之心的农民们还有个传统，他们会在田里留下一盘牛奶，给拖拉赫尔战车的猫咪们提提神，这个态度自然讨喜，要知道拉着女神穿越天空可是个

1　北欧神话中的一位与爱情、美丽、生育、性欲、战争和黄金有关的女神。
2　"英灵"一词源于北欧神话，意指奥丁神在人间战场上挑选的英勇善战的阵亡战士。

毫无疑问的苦差事。随着时间的推移，农民们甚至开始崇拜猫咪本身了，因为它们的角色已经演变成了一种广受欢迎的猫科动物，需要看护庄稼的时候，人们就可以找它们帮忙。

何乐而不为呢？毕竟我们打从一开始就在保护你们的庄稼，还有什么比委托一位民间的猫神来保佑农业更合适的呢？一切都是理所当然，千百年来一直如此，而这段在史前迷雾中结成的友谊，已经成长为一种由爱和尊重来界定的长期伙伴关系了。我们喵星人已经被公认为是人类最亲密的朋友，完全可以当之无愧地在这片栖息地上生活。

哎呀，这次我们真是错得离谱。

这片栖息地就在我们爪子下崩塌了，我们开始坠落，而且跌入了我们无从想象的深渊。为了驯化而付出的代价或许就是我们的诡诈吧。我们太轻易地相信了人类，当他们怀着以往发泄给死敌的那种愤怒来对付我们的时候，我们真是毫无防备。面对这种背叛，我们无可倚靠。几千年来，我们已经适应了和你们一起生活，不可能直接就这么回归野外。我们被困在你们的城市里，惊恐地看着那些曾经泛着爱意的面孔因怒火而变得扭曲。"还记得利比亚猫吗？"我们央求着。"还记得我们之间结成的伙伴关系吗？人和猫长期以来不都是平等相待的吗？"

这刹那间都变得无关紧要了！几千年来，我们看到的都是人类最好的一面。而现在，我们面对的却是人类最坏的一副脸孔。

是的，朋友们，我们的败落是千真万确的。罪魁祸首是一种新的信仰，尽管这一开始并没有引起我们的警觉——毕竟，我们跟各地信仰各异的人类都能和谐相处。当然，这种信仰看起来是很无辜的。它源自中东，也就是人猫间结成同盟的地区，其基础是先知耶稣基督的教义，可在这位先知的所有生平故事里，他从没表现出对猫的丝毫敌意。

然而，到了公元 4 世纪末，当胜利已经近在咫尺，基督徒们却下定了决心。他们不希望古人的信仰继续和自己的信仰共存了。老路子和他们格格不入。那些信仰体系曾激发出了人类最伟大的成就，如今却被认定为魔鬼的杰作，任何与异教世界有关的东西在他们看来都是可疑的。与我们相伴了几个世纪的女神们突然就被指斥为恶魔，作为她们的同伴，我们也饱受诘难。这是个颠三倒四的新世界，由于异教徒一直尊敬我们，所以基督徒们就决心把我们打倒在地。

然而，靠贬低并不能夺走我们的力量，因为他们非常确信异教徒赋予了我们魔力。于是他们就开始颠倒黑白，进一步地污名化我们。我们的护佑之力变成了诅咒之力，曾经的先见之明如今也变成了魔鬼本身的耳目。黑猫所受的中伤尤其深重。异教徒最崇敬它们，那它们肯定最受黑魔王青睐。它们的毛色不也招认了这点吗？黑色正如午夜，象征着它们与邪恶的关联，它们就是冥界的造物，只会带来厄运。

当然，神学家抵制我们是一回事，劝说其他欧洲人也这么干就完全是另一回事了。在基督教时代早期，人们对猫的厌恶主要停留在理论之上，较少付诸实践。我们不再受人尊崇，这是可以肯定的，但那些习惯了有我们做伴的普通人还是会把我们牢牢挂在心头。有些地区的人就完全不在乎这些闲言碎语。例如，阿陀斯山（Mount Athos）[1] 上的修道院社区可能一直在侍奉上帝，但他们都不愿丢弃自己的猫。他们想维持捕鼠猫的数量，但更重要的是，他们确实很喜欢我们。噢，这些希腊人欢迎我们到欧洲来，他们还在继续支持我们！

在威尔士，善王豪厄尔（King Howell the Good）遵守了人猫之间的古老契约，不负其名号。他召集了领地里最睿智的人去开会，然后颁布了一部法典，其他人可能会对猫百般挑剔，豪厄尔和他的顾问们却依旧承认我们这些捕鼠匠对社会的巨大价值。为避免在这件事上引发疑问，他们在法律条文里都作了解答。想获得小村庄的资格，聚居区至少须有九栋住宅、一张犁、各种其他工具……以及一只猫。另外，如果有人质疑我们的价值，那么我告诉你，根据法令，一只证明了自己捕猎能力的成年猫可值四便士——当时一便士都是不得了的一笔钱！不管是谁，只要致猫死亡都会被判赔这个数，外加谷物形式的罚款。这当然跟布巴斯提斯没法比，但至少让

1　位于雅典以北 249 千米处，15 世纪前后，山上的修士曾多达 2 万人。

我们有理由心存希望。神学家们无疑是鄙视我们的，但靠着人类与生俱来的善良，我们或许可以经受住这场风暴。

然而事实并非如此。这种尊重的表象不过是明日黄花，在这些旧时代的遗迹被摧毁殆尽之前，教会是不会消停的。在公元8世纪的查理大帝（Charlemagne）[1]时代，先人们修造的宏伟建筑都在巨锤下化为尘土，坚持老一套的人则会被判处死刑。古代世界最终被埋葬于坟墓之中，欧洲的猫不再是人类的朋友，而是已被击溃的恶魔时代的有形象征。我们曾把自己托付给人类，让他们带到了这片新的土地上，如今却遭人遗弃，还被判定成了邪魔的特务。

不过先等等，猫能犯下什么邪恶的罪行呢？可别虚情假意地回答我，因为这是个严肃的话题。到了中世纪，各种谣言都传开来了，说我们在为魔鬼效劳，充当他的小密探，鬼鬼祟祟、精明异常，而且时刻都保持着警惕——就好像街上的每个鞋匠和每个破烂不堪的农场里的每个农夫都值得魔鬼（和我们！）关注一下似的。据说在夜深人静的时候，我们就会召唤他，猫发情时的叫声竟被曲解成了召唤我们那位地狱之主的呼声。

但与窃取灵魂相比，这都是些微不足道的罪过。窃取灵魂？没错。我们可以充当灵魂寓所的古老信仰也被扭曲成了一种疯狂

1　查理大帝（742—814），又称查理曼。法兰克王国加洛林王朝国王，查理曼帝国缔造者。

的信念：在人逝去的那一刻，阴影里可能会跑出一只猫，裹挟着死者的灵魂逃遁，只为将其送入地狱，迫使一个善良的基督徒遭受永恒的折磨。于是这类责难就无休无止了，偏执的胡扯在任何一个理性的时代听来可能都非常可笑。但这是个完全不同的时代，偏执的迷信在13世纪被编纂成了教义，当时基督教世界的最高权威——教皇格列高利九世（Pope Gregory IX）公开地谴责我们是魔鬼的容器和上帝的敌人。

不过作为这种宗教信仰的敌人，我们也并不孤单。各种被指为反对基督教社会的异端团体都被打成了我们的同党——实际上，由于过去那些掌管家庭的女神都是我们的天然盟友，所以也被涂抹成了不信神的异教徒。你知道吗？在德国，异端一度被人称为"Ketzer"，意思就是猫。我得说这其中的关联是非常清楚的。但我们不仅是他们的同谋，作为魔鬼本身的代表，我们还会接受他们的敬拜。例如，有人就指控撒旦的信奉者们崇拜一只冥黑色的公猫，还用孩子为之献祭。与此同时，据说瓦勒度派（Waldenses）教徒[1]和清洁派（Catharism）教徒[2]都会将在仪式中亲吻猫屁股作为他们集会中的一部分，以此证明他们对撒旦的忠

1　12世纪兴起于法国的一个推崇清贫生活的基督教派，当时曾被罗马天主教会视为异端。

2　泛指受摩尼教影响而相信善恶二元论和坚持禁欲的各教派，于1179年被教皇亚历山大三世定为异端。

诚。这些语无伦次的诋毁逐渐传播到了那些因布道、演讲和宗教
法庭的裁决而心生警惕的公众之中，我们承受的污名也越发深重。
但使我们的恶名受到最公开的宣扬的，是圣殿骑士团（Knights
Templar）。圣殿骑士团是一个因在圣地[1]作战而声名鹊起的教团，

1　指耶路撒冷。

团员们享有的财富和声望远超其他兄弟组织。这激起了法国国王腓力四世（King Philip IV）的嫉妒心，他策划了一场阴谋：严苛地诋毁这个教团，直到他可以证明逮捕他们并罚没其财产是正当的。但这要怎么做到呢？靠什么力量才能彻底败坏这样一个备受敬仰的兄弟会的声誉呢？

他觉得猫可以办到。作为唯一一支足以玷污贵族教团的邪恶力量，我们在接下来的剧目中充当了主角，为批判圣殿骑士团的劣迹提供了一整套的罪证。他们一直在崇拜黑猫形象的魔鬼！他们一直在亲吻它的屁股！这只罪孽深重的猫会引导他们做出渎神的举动，比如践踏十字架，以及向十字架吐口水！他们会把婴儿献祭给这只猫！桩桩都是古怪的指控。然而人类对我们的敌意已经太深，没有任何论证能清除空气中猫的恶臭了。这是个曾经拥有上千座坚固堡垒的最负盛名的基督教骑士团，然而等到那套欲加之罪的把戏玩到尾声之时，他们还是被基督信仰所抛弃了，其领袖也被送上了火刑柱。

无辜的人被杀，这是个悲剧，但现在想想看：若仅仅是与猫结伴的罪名就能让人类付出这么高的代价，那么猫本身又会付出什么呢？到1314年圣殿骑士团灰飞烟灭之时，我们也不免其祸，整个欧洲的人都在残忍地把我们扔进火堆。那些宣传话语把千百万人变成了铁石心肠，让他们深信我们是魔鬼的同伙，还有谁能反对呢？

　　这就是我们猫咪界的大清算（Great Reckoning），猫史上最黑暗的时代。似乎通过根除爱的记忆，人们就能靠仇恨而修成正统，所以基督徒把我们扔进了火海，只为了净化他们自己作为异教徒的过往。从 12 世纪末开始，我们就成了宗教迫害的对象，有些地区甚至持续了 500 多年，其规模之大前所未见。我们能做的只有躲藏、觅食和忍耐，对无数代逝去的猫来说，人类不过是些施虐狂。他们光是折磨都不够，还得把这个场面打造成一场奇观。对我们的杀戮被视为一种神圣的行为，还成了宗教节日的一个组成部分，就好像是上帝要求人类帮他灭绝自己创造的生灵一样。

在纪念上帝那个俗世的儿子复生的复活节，人们便会烧死大批的猫来庆祝——在阿尔萨斯（Alsace）[1]，我们会被千百人扔进火堆。大斋节（Lent）[2]也是杀戮的良机，无论行经何村何地，人们每日都在屠猫。在皮卡第（Picardy）[3]，人们会把我们绑在柱子上，以尽可能慢的速度让我们葬身火海，只为了增加戏剧效果，仿佛德性是通过残忍来衡量的。当猫儿们发出响亮而真切的惨痛哀嚎时，主持者就会让观众们不要理睬，因为我们的哭喊不过是魔鬼的话语。

至少还是能找出几个投票反对焚猫的城镇的。噢，所以还有少数人类相信慈悲这一套？也不尽然，他们只是不想浪费柴火。在比利时的伊普尔（Ypres），他们会把我们从市内最高的塔楼上扔下来摔死，在英格兰的奥尔布赖顿（Albrighton），他们会用鞭子抽死我们，当地人觉得这个仪式非常有趣，所以有个押

1　法国东北部地区。
2　基督教的斋戒节期，时长四十天。
3　在中世纪，"皮卡第"指的是巴黎以北的法国，甚至包括说荷兰语的佛兰德地区。

韵的对句也流行起来了："大太阳底下闲来寻乐事，奥尔布赖顿打猫用鞭子。"

尤其值得一提的是基督圣体节（Corpus Christi）[1]的庆祝活动。人们会在这个节日的圣餐礼中用一些难以言喻的手段来对付猫，以此纪念耶稣现世，普罗旺斯地区的艾克斯（Aix-en-Provence）就有这么一种独特的野蛮仪式。当地人会在本地找出一只最健康的公猫，用精致的布料包裹起来，然后放到祭坛上，以鲜花和熏香环绕，随后人们便来到它面前屈身祈祷。但和过去不同，他们所祈求的不再是猫的力量。这只无辜的猫只是被当成了一种公共容器，这样镇上的人就可以把自己的卑鄙想法和劣迹都投射到它身上——然后通过毁灭它的方式来洗清自己的罪孽。

这只任人摆布的迷茫小猫会想些什么呢？周围都是些快活的人，满脸笑意，它会不会以为自己最后还是身处在朋友们之中呢？毕竟这些人对它都很温柔，照顾它，甚至喂它吃的。日落时分，人们就把它放进一个柳条筐里，带着它在镇里穿行。他们要把它带去哪儿还是个谜，但它或许还是很信任他们，因为这队伍里的人都在兴高采烈地吟诵着一些人类的智慧箴言。它大概会以为他们是要给它找一户人家，让它可以安稳地生活，得到精心的照顾。

1　天主教敬赞"耶稣圣体"的节日。

但没过多久，这奇怪的一天就变得越发离谱了。他们没把它带到哪户人家，而是把它放到了……一堆木头上？然后他们都开始后退。他们肯定不是故意把它扔在这儿的吧，而且还关在筐里？答案很快就会揭晓。善意的表象终将卸下，在最后一刻，它从那些看护者的脸上瞥见了邪恶。就在此时，有人将火把扔了过去。火焰缓慢升腾，起初只能闻到柴火的气味，后面的事你心知肚明，所以我也不必再说。又一个祭品被烧死了，成群结队的罪人们一直在欢呼，他们相信用这种卑下的残忍手段就能获得上帝的宽恕。

我也希望能宽慰你，告诉你这些"庆祝活动"不过是骤然间的疯狂所致，来得疾去得快。唉，可惜事与愿违。以法国梅茨（Metz）为例吧，那儿的焚猫仪式始于 1344 年，当地人把圣维特斯舞蹈症（St. Vitus's Dance）[1] 的暴发都归罪到了一只黑猫身上。啧啧，这种奇怪的中世纪病痛会使人表现出一些欢快的外在迹象——中世纪的脑袋瓜儿们可忍受不了这个！自那以后，人们就会在圣约翰节（St. John's Day）[2] 前夜把 13 只猫吊在笼子里，然后扔进火堆，以免这种舞蹈症再度暴发。

要不要我告诉你这种愚蠢的残忍行为到了什么时候才终结的

1　欧洲中世纪流行的一种群体癔症，患者通常会做出一些挤眉、伸舌、眨眼、摇头、转颈的动作。

2　纪念施洗者圣约翰的节日。

呢？1773 年。没错，在这 429 年间，焚猫"艺能"代代相传，孩子学爸爸，爸爸学爷爷，如此这般，一直可以上溯到那些名字都已被遗忘的先祖，而我们的哀嚎声则不断地在梅茨响起。要是你读到这儿还未曾动容，那么此刻你也许就要落下一滴泪了，因为仅在这一个城市就总计有 5577 只猫遇害，其中很多可能都和你的猫伴儿没什么不同。这些猫全都被烧死了，人们既不讲良心，也不觉得内疚，梅茨的老百姓只信一条，凭借我们的苦难，他们有可能摆脱舞蹈症的侵扰。

历史是既甜蜜又苦涩的。之所以告诉你们这些往事，是因为我必须这么做，尽管我知道这对你们听众和我这个讲述者来说都一样痛苦。我们最终是懂得宽恕的，没错，人类也再次证明了他们是我们的朋友。但记忆会长久地留存在意识里，如果你看到一只不认识的猫，于是弯腰向它伸出善意的手，而它却飞奔而去，那么你应该记住一点：历史给我们的教训实在太多，陌生人的手掌承载的往往并不是爱。

现在听我讲讲这个丑陋的故事在后来引发了怎样的悲剧性转折吧，人类为那些误入歧途的残忍行为所付出的代价可不只是由猫来承担的。为我们的消亡而欢唱的人都没有意识到，他们对我们施加的刑罚最后也会还之彼身，因为在首次对猫展开大屠杀后的一个世纪里，猫所受的污蔑就将招致欧洲的毁灭。"先等等，芭芭，这是怎么回事啊？"

人类背弃了与利比亚猫的约定，这无异于把那些蟊贼请回到自己的生活里。在那个前现代的世界，即便猫咪卫士们齐装满员地出动，对抗老鼠的防线也不是那么容易守住的。随着我们的数量大幅减少，剩下的猫咪又饱受排斥，哎呀，它们这下可发达啦！你们对它们了解得太少了。你知道吗？如果不加限制，一对老鼠可以在三年内繁殖出一百万只后代来。现如今没有我们碍手碍脚，它们在你们的村镇里泛滥的程度真是难以想象。平均每家每户都会有上十只，这意味着即便在你们自己家里，它们的数量也绝非你们可比。

它们毁掉了你们的物资和粮食供应，而这还只是个开场白。更要命的是它们造成的污染，疾病和瘟疫被它们传播到了四面八方。提醒你一下，这些还只是褐鼠，它们已经够麻烦的了，然而褐鼠在非洲的表亲——黑鼠不久也将登场，它们就躲在教团从圣地驶回的船只里。这些偷渡客本身还带回了不少偷渡客：它们身上的寄生虫携带着一种欧洲前所未见的鼠疫病菌，老鼠们孜孜不倦地把这种致命的"货物"从一片田野送到了另一片田野，从一个城镇送到了另一个城镇。人类从 1347 年开始感染，随后迅即演变成了一场灾难，这种可怕的疾病让你们的祖先胆战心惊，他们后来将其称为黑死病。

欧洲这场灭猫战争的结果就是五年内约有 2500 万人丧生，人口减少了三分之一。但人们还是没有吸取任何教训。想象一下人类有多么顽固不化吧，哪怕瘟疫肆虐了一座又一座城市，街道上堆满了尸体，他们对我们的憎恶也丝毫没有减弱。在我们不断地被扔进火堆的时候，你们获救的最大希望也化为灰烬了。这看来有些不可思议，但我们的黑暗时代很快还会变得更加黑暗。欧洲人将会发现一个新的敌人，一个同样是源自旧时代的敌人。那便是伊希斯、赫卡忒和其他古代魔法守护神的女性后裔们，我们曾经在那些女神身边博施济众，如今却和人们口中的女巫站到了一起，真是该死。

瘟疫仍在死亡之路上肆虐之时，女巫们出场了。在接下来的三个世纪里，她们为那些大火堆提供了充足的燃料。人们把魔法和公开的性行为添入了那个万众唾骂的渎神异端的大筐里，于是女巫便引起了轰动，而这个角色的影响力也远远超过了她们的所有身份之和。猫呢？——天哪，没错，我们就是最理想的陪衬。女巫和猫都是黑夜的生灵，鉴于我们与魔法的古老关联，人们肯定会想办法把我们和女巫的力量联系到一起。有人甚至声称魔鬼并不是以山羊、公羊或任何现代观念中的形象在女巫的安息日现身的，他的形象就是一只大公猫。猫和女巫，完美的一对儿。这就像两股共同进退的邪恶力量，缺了谁都不完整，但联合起来就能强化各自对基督教世界构成的威胁。

在如此的舆论宣传之下，很多涉及猫和女巫的抨击似乎都变得有点乏味了，无非是人们在这场反异端战争中再三提出的一些控诉。这里谈的就是所有养猫人都必定要处理的小事；你们肯定对这些日常工作都熟悉得很，比如用婴儿给我们献祭啦，参加邪恶的集会啦，亲吻我们的屁股啦。不过在阴湿不祥的血月之夜里，女巫们还会酝酿一些新东西。猫逐渐与她们结成了一种紧密关系，而这是我们从未与异端分子们建立过的。只要谈到巫术，我们肯定就会充当魔宠，成为女巫本人身体和力量的延伸。

这本是魔鬼的谋划，他设计了这么一个魔宠的角色，好让我们给他的女巫大军提供特殊的助力。小巧的身形和隐秘的行动方式是我们的优势，因为我们在有些地方不会引人注意，女人就不行了，我们这一套谨慎的耳目是她能用得上的。但这只是我们最小的用处，人们相信我们还有一些魔法上的天赋。通过与女主人交流，我们可以增强她的力量，我们身上的一小撮皮毛或爪子都能用来制作药剂，这些药剂为女巫提供了未卜先知、隐身和控制天气之类的多种能力。

你知道女巫还能变化成这些魔宠的模样吗？可想而知她能造成多大的破坏了，这个伪装的身份使得她可以到处瞎逛，她那颗小黑心想做什么恶作剧都能无所顾忌。好像猫在那些日子里还活得不够艰难似的，这种新的妄想又催生了一种特别可恨的信念：伤害可疑的猫就能揭开女巫的真相。当时人们的想法是这样的，一个人若是伤到了猫，那么第二天要是一名当地妇女身上的相应

位置出现了伤口，就可以确认她是女巫了。噢，是的，这又是一个需要警惕的危险，也促使我们彻底避开了人类。

不过咱们还得听听欧洲的恶魔学家是怎么说的，不然这个故事可算不上完整。那些胡言乱语在当年真有人信，他们宣称情况的严峻性已经超过了所有人的预估，因为猫身上还有个很大的风险，那就是被恶魔附身。很好！驱魔人怎么可能漏过这点呢？这种指控如今听来虽然很可笑，但在过去，大家都觉得恶魔可以占据各种动物的身体，而我们又是整个动物王国里最容易控制的。这用当时那种疯狂的逻辑说得通。毕竟我们是在为魔鬼效劳，所以把我们的身体给他役使又怎么会不乐意呢？

我们同时处在了力量的巅峰和绝望的深渊，尽管你们人类认为我们拥有强大的能力，但我们根本无力自保。事实上，我们还为此受到了更多的惩罚。我们的罪行中有一些或许不亚于谋杀，不少女巫都承认是她们派猫去干了这些勾当。当然，这些女人已经被拷打得不堪忍受了，为了换来酷刑中的片刻喘息，她们宁愿低头认罪。但无论可靠与否，她们的证词都强化了人们狂热的信念，让他们对我们愈发刻薄。

如果你觉得情况不会更糟了，那就再猜猜。1484 年在猫咪的罪恶史上是具有标志性的一年，梵蒂冈在当年宣布我们和女巫一样都要为巫术之恶担责，还颁下法令，要把我们和她们一起烧死。从那时起，任何与疑似女巫者同住的猫都将分担她命

定的耻辱。如果被告人碰巧没猫呢？那她最好快点想出一只来，以免宗教裁判官不相信她的供词。她能想到的任何一只猫都有可能受到牵连并就此丢掉性命，甚至当地街头的一些跟她并不相熟的流浪猫也难逃祸端。她们的证词使得我的遇害同胞愈发不可胜数，但我不会责备这些饱受折磨的灵魂。她们和我们一样都是这种扭曲信仰的受害者，当现实彻底沦为无尽的痛

　　苦之时，她们被逼疯了。解脱终将到来，但唯有以死亡的形式，人们会把女巫和被她指认为帮凶的那些无助的猫一起绑到火刑柱上。

　　现在想想挺讽刺的，这可能就是最残酷的转折了吧。最有可能对我们展现同情心的就是那些想找个伴儿的大龄未婚女性了。哎呀，你知道是哪种人啦！你们现在都笑称她们是疯癫的猫女士

（cat lady）[1]——但这在过去可不是玩笑。作为一个群体，她们被排挤到了社会边缘，而其性别和卑微的地位又使得她们对这些巫术指控百口莫辩。对本地小猫的善举本可以证明她们内心的善良，但一受指控，这反而成了她们的罪证。一只受苦的动物和一个孤独的人类，这一双弃儿在一个邪恶的世界里为对方带来了些许慰藉，又眼睁睁地看着爱的付出变成了对彼此的死刑判决。还有什么时代能比一个以杀戮回报仁爱的时代更黑暗呢？

但在这个时代的人类里也不乏最才华横溢的头脑。你们的大城市正在转变为活力十足的精英话语和全面的文化变革中心。生于文艺复兴时期的那些有远见的思想家肯定会严厉谴责人们对那些无助的小猫所犯下的惊人罪行吧。比如，像威廉·莎士比亚这样的人会怎么看待我们呢？他的作品里的确有猫……可这次他丧失了独创性，让我们扮演了一个最好猜的角色——《麦克白》里女巫的同伴。不过至少在

---

1 指与猫做伴的独居女人。

伦敦这个异教城市 [1]，莎士比亚的女王还是在自己的加冕典礼上给我们喵星人留了一席之地。这是真事儿——我的同胞很荣幸地出席了伊丽莎白（Elizabeth I）[2] 的登基仪式，位子就在前排正中……人们把它装进了一个柳条编成的假人里，然后点火，只为了显示英国新教信仰的豪迈之力。

可是不啻于欧陆智识之都的巴黎又怎么样呢？皮埃尔·德·龙萨（Pierre de Ronsard）[3] 曾被时人誉为"诗人王子"，备受尊崇，甚至皇宫都给他准备了一套房间。然而他在巴黎却写下过这样一句话："这世上没有一个活人像我这么讨厌猫……我讨厌它们的眼睛、它们的眉毛、它们的凝视。"宫廷里的人大多也不会反对这种看法，因为在沙滩广场的仲夏庆典上，人们就会把一筐筐的猫放到高柱子顶端，然后在群众的欢呼声中焚烧。你猜猜谁会来参加这种虐待狂的盛会？乌合之众？你确定？也没错——如果你眼里的法国国王就是这副模样的话。这也是真事儿。据说亨利四世（Henry IV）特别喜欢听我们痛苦的惨叫声。至于那位缔造了一个民族和一个独特时代的君主——太阳王路易十四（Louis XIV），他可不光是戴着玫瑰花环在一边旁观，1648 年，他就亲手点燃了火焰。

1　英国国王亨利八世（Henry Ⅷ）发起了宗教改革，让英国从此摆脱了罗马教廷的掌控。
2　指伊丽莎白一世，亨利八世之女。
3　法国诗人。

那么好吧，哲学家呢？那些研究宏大的存在问题的头脑会赞成这种残害生灵的行为吗？我们来看看这个时代最伟大的人物勒内·笛卡尔吧。他为启蒙运动铺平了道路，却很难给自己启蒙。就他而言，我们至少不算孤单，因为他诋毁的可不仅是猫。他宣称所有动物都没有灵魂，因而也没有推理甚至感觉的能力。我们就相当于一大群经过了特别加工的机器，行为不过是一种复杂的戏仿。为了证明自己的观点，这个时代巨人把一只活猫扔出了窗外。太无助了，它恐惧地哭嚎着，然后重重摔到了楼下的街道上，又痛苦地扭动着身子，笛卡尔为它能如此完美地模仿真实的感觉而欣喜若狂。

　　或许我们应该找那些搞科学的人碰碰运气？受过临床思维训练的人能识破这些谬见吗？实际上，他们只是在变着法儿地火上浇油。当时的医生会忠告人们，必须提防的不仅是猫的巫术，因为我们还带有某些同样危险的物理特性。神圣罗马帝国皇帝马克西米利安二世（Emperor Maximilian II）的私人医生皮埃特罗·安德里亚·马蒂奥利（Pietro Andrea Mattioli）就发出过警告，说猫携带着麻风病。与此同时，文艺复兴时期的一流外科医生安布罗斯·帕雷（Ambrose Paré）则说我们的气息、毛发和大脑都是有毒的，从中产生的雾气会从我们嘴里逸出，就像排毒气的小烟囱一样，一旦吸入就会引发肺痨，那些容许我们上床的人肯定已经注意到肺结核的迹象了吧。没有？那就奇怪了，帕雷可向读者们保证了，他们要是挨着猫睡，结果就是这样。

在猫和人类可以安心生活在一起的现代世界里，讲述这段历史实在叫人火冒三丈，我毫不怀疑读者们也希望我结束这段丑恶的历史。"芭芭，你能不能给我们讲一些能代表人猫友爱的正面故事呢？"能，我会讲的。有好些美丽的传说都流传下来了，这些暖心的故事直接挑战了厌猫者们散布的神话。

你听说过一只非常勇敢的猫和它的穷汉同伴迪克·惠廷顿（Dick Whittington）的故事吗？这故事充满异国风情，和一个远方的国王有关。据说这只猫用巧计获得了一大笔金子，于是它的那位人类同伴就变成了富人，还当选了伦敦市长。这个故事被人们一再讲述，后来变得很受欢迎，以至于伦敦人还专门造了一尊塑像来纪念这只猫，至今仍屹立不倒。这个故事激励了不少敢于承认我们品性纯良的人类。

吉奥凡尼·史特拉帕罗那（Giovanni Straparola）[1]就是其中之一。16世纪，他在上一个故事主题的基础上用意大利语写下了一部充满想象力的作品，讲的是一个穷小子继承了一笔遗产——一只小猫。呃，这也太小家子气了吧？并不是！这只猫聪明至极，给小伙子出了不少计策，最终让他加冕为王子。这个故事同样被人们再三讲述，大家后来给它起了一个特别的名字：Il gatto con

---

1　意大利诗人、短篇小说家。

gli stivali。用英语说就是"the cat with boots"（穿靴子的猫）。好了，我估计你可以猜到接下来的部分了。一个世纪后，夏尔·佩罗（Charles Perrault）[1]又写了一个法语版，而《穿靴子的猫》也将成为猫咪文学中的一部经久不衰的经典之作。

这些故事当然很迷人，但我感觉又有人要提反对意见了。毕竟，这不过是寓言，你们想了解的是有血有肉、有毛有爪的猫。你们最终想听的是可以弥补人类罪过的真猫的故事。噢，我的朋友们，在那个时代爱猫可是很难的，我还得明说，那时候让猫爱人也是挺难的，所以这种故事真是少得可怜。不过咱们若是尽力搜寻还是找得到的，要是讲一些无视公共审查、公开表达对我们的感情的杰出人物的故事能让你们开心，那我再乐意不过了。

弗兰齐斯科·彼特拉克（Francisco Petrarch）[2]就是其中一分子！这位文艺复兴早期的大文学家敢于在同时代人焚烧我们的时候向一只猫付出自己的爱，这爱实在真挚，以至于猫伴儿的离世让这位诗人沉痛哀悼了好长时间。为了抚慰伤痛，他坚持把这具小小的躯体保存在家中的玻璃神龛里，这肯定会让某些人挑眉侧目。他还在这盒子上刻了一句铭文，把他最喜欢的猫

1　夏尔·佩罗（1628—1703），法国诗人、文学家，童话这一文学形式的奠基者之一。
2　弗兰齐斯科·彼特拉克（1304—1374），意大利学者、诗人，被誉为文艺复兴之父。

比作启发他诗歌灵感的缪斯女神，我敢说那些人的眉毛会挑得更高的。彼特拉克并不是文艺复兴时期唯一的爱猫诗人。法国的约阿希姆·杜·贝莱（Joachim du Bellay）[1]就曾以一只名叫贝洛（Belaud）的虎斑猫为伴，贝洛离世时，他写了一篇长达两百节的墓志铭，称它是"大自然最美的杰作"，无愧于古人向我们称许过的那种不朽。

在我们的支持者里，我还可以举一个更伟大的人物——米歇尔·德·蒙田（Michel de Montaigne）。这是你们都很敬仰的一位哲学家，他那107卷的《随笔》（*Essays*）囊括了当时最有影响力的一些思想，但他在我们喵星人心里一直都是史上最伟大的猫咪拥护者之一。他的绅士风度和洞察力让他远远超越了同代人，所以他对我们敏锐的才智是毫不怀疑的。其实在这个问题上，他那个奇妙的猫伴儿浮华夫人（Madame Vanité）就亲自指导过他。蒙田认为咱们这两个物种是平等的，这在当时可能就是名副其实的"宗教异端"了。他是你们人类当中第一个戳破人猫关系表象的人，在谈到谁才是真正的支配者的时候，他把这个话题抛上了台面。"当我和我的猫玩耍的时候，是她在逗弄我，还是我在逗弄她？"他问道。

1　约阿希姆·杜·贝莱（1522—1560），文艺复兴时期法国著名诗人，主要诗集有《罗马怀古》和《悔恨集》。

还要给你一个惊喜：基督教会虽对猫怀有敌意，但我们还是在神职人员里找到了声援者。这些上帝的忠实信徒里就有枢机主教托马斯·沃尔西（Thomas Wolsey），他是约克大主教和1514至1530年间的英格兰主教长。他对自己的猫咪们视如珍宝，甚至在一些要人面前也会明目张胆地任由它们在自己腿上嬉戏。丢人，这是肯定的——从卡利古拉（Caligula）[1]时代以来就没见过这么荒唐的举动，一位威尼斯使者评论道。不过沃尔西一点都不在乎。可惜他最终失宠，以被流放者的身份死去，尽管他对猫的偏爱并非其获罪之由。亨利八世明确表示自己不喜欢发妻，而是更钟情于安妮·博林（Anne Boleyn）[2]的魅力，于是便指使这位枢机主教为他争取离婚的许可，而沃尔西没能说服教皇，于是他就受到了叛国罪的指控，同时被剥夺了各种头衔。所以你明白了吧，他倒台的祸因其实是人类的色欲，这也历史性地证明了色欲对你们人类来说是个比猫要强大得多的敌人。

　　但我可以向你保证一点：如果沃尔西的猫还有什么办法能把他从这场动荡中拯救出来，它们肯定会出爪的。事实上，它们可能已经尽了全力，因为在那些黑暗的日子里，我们从没有忘记还有这么一个朋友。要说起猫史上的一些最了不起的忠诚典范，那

1　卡利古拉（12—41），罗马帝国第三位皇帝，一般被视为行事荒唐的暴君。
2　亨利八世的发妻即英格兰王后——阿拉贡的凯瑟琳（Catherine），而安妮·博林则曾是这位国王的侍从女官。

就不得不提到某些特殊的猫，它们超越了那个荒凉时代的憎恶和压迫，代那些爱猫的特殊人士完成了英雄般的壮举。

以英格兰侍臣亨利·怀亚特爵士（Sir Henry Wyatt）为例吧。1483 年，他公开支持亨利八世的父亲亨利·都铎（Henry Tudor）[1]与国王理查三世（King Richard III）竞逐王位，因此被控叛国罪并被捕。他被关进了伦敦塔，那儿就是个等死的地方，事实上他已经快饿死了。但别急！就在怀亚特感到绝望之时，他发现了一只在监牢里迷路的流浪母猫。他很关心这只流浪猫，为它献上了自己仅存的一件礼物——他的友情。说得好像我们当中有谁对人类提出过什么更高的要求一样。怀亚特只希望这个毛茸茸的访客能在他最后那段孤独的日子里给自己一点点安慰，他做梦也想不到它竟成了自己的救星。

这只猫渐渐地每天都会回来，还带着一些在场地上捕获来的鸽子之类的食物。在寒夜里，它会爬上怀亚特的胸口，好让他在那冰冷的牢房里取暖。靠着这只猫的无私奉献，他在监牢里得以幸存。两年后，亨利·都铎加冕为王，怀亚特终于重见天日。他很看重这份恩情，带走了这只忠诚耿耿地照顾他的猫，并托人在肯特郡给这个被他当成了救命恩人的勇敢同伴建造了一座石碑。

这并不是唯一一只救下了伦敦塔囚犯的猫。恶毒的女王伊丽

---

1 亨利·都铎（1457—1509），即亨利七世，都铎王朝的缔造者。

莎白一世后来为自己在加冕典礼上烧猫而遭了些许报应，这要归功于第三代南安普敦伯爵亨利·赖奥思利（Henry Wriothesley）的猫伴儿特里克茜（Trixie）。1601 年，亨利因支持一场反抗王权的叛乱[1]而被关进了伦敦塔，这使得那些有可能援救他的人都无从下手……只有一只猫除外。勇敢的特里克茜想办法找到了这个被隔离关押的人类同伴，还展开了一场偷运小块食物的行动。在两年的时间里，它的付出养活了可怜的亨利，其忠诚无疑证明了它的高贵品质，待伯爵于 1603 年获释后，它便被授予了一项对当时的猫来说相当罕见的荣誉：它被画进了一幅肖像画，画中的它自豪地趴在伯爵身边。

对这些忠诚的小猫来说可真是个大喜事哦！我们能认定展示这类美德有助于克服人们对猫的负面刻板印象，并最终还我们一个清白吗？没那么容易。人类的态度改变得非常非常慢，你们中的很多人直到 19 世纪的头十年还顽固地认为我们很邪恶，这种情况在有些地区甚至持续得更久。仅仅一个世纪前，欧洲一些偏远地区的人们还在散布女巫变成猫的故事，或者一只邪恶的猫王统治其他猫的传说，它白天看起来就像只普通的猫，但在晚上……噢，好吧，那时候它就会施展恶魔的力量，若有人要在天黑后冒

---

[1] 1601 年，亨利·赖奥思利因卷入埃塞克斯谋反案而入狱。1603 年，伊丽莎白一世驾崩，继位的詹姆斯一世（James I，1566—1625）将其释放。

险外出，那可得留点儿神了，因为没人知道它有可能藏在哪儿。

到了 19 世纪末，关于猫被恶魔附身的信仰甚至成功地跨越了大西洋。有人声称一只猫在 1897 年给俄亥俄州的里奇菲尔德中心（Richfield Center）带来了灾祸，这个小镇刚逃离魔爪不久，又轮到宾夕法尼亚州的斯库尔基尔港（Schuylkill Haven）来面对这只邪恶之（猫）眼了。当时一只本地的猫妈妈生下了一窝小猫，这事儿初看之下还算不上罪过。但居民们不是傻子，他们知道有些地方不对劲。他们注意到了那个日子——1906 年 6 月 6 日，更重要的是，正好有 6 只小猫出生，而第 6 只正好是黑色的。这么多 6，实在可怕，你要是把它们归拢到一起，那得到的可正好是魔鬼的数字[1]。

当一只疑为易容女巫或魔鬼本尊的大黑猫在夜里到当地农场溜达时，这个谶言似乎成真了。大家随即开始散布它的恶行：据说它只要一靠近，母鸡就会像公鸡般打鸣，猪则会像狗一样嚎叫。那窝小猫都是在一户人家出生的，但那家的户主后来突然去世，于是高潮来了。验尸官没法确定死因，但当地人毫不怀疑是他们所说的那只"妖猫"（Hex Cat）害死了这个男人。

人们组成了好几支队伍，去森林里寻找这个邪恶的敌人。他们的步枪里都填满了黄金熔铸的子弹——这是一次代价高昂的放

1　在基督教中，666 恰是魔鬼的代号。

纵之举，但显然很有成效，因为即便他们一枪都没命中目标，那只猫终归还是跑了，再没人见过它。镇民们都说这只邪猫是被他们信仰的力量给吓跑了。或者反过来猜想一下，这只原本正常的流浪猫是不是动身去寻找一个不会被乡巴佬们射杀的小镇了呢？

不过这些事和美国首都华盛顿的猫玩的恶作剧相比还算不上轰动。就在我们被编排成魔鬼走卒的一千多年后，恶魔猫里最可怕的一只终于从那儿的一个深坑里被召唤出来了——这个深坑就是美国国会大厦的地下室。19 世纪 50 年代，美国国会大厦的穹顶还在建造之中，于是蠹贼们便纷纷涌入。在你们争论这个词是不是指那些民选官员之前，我得明确一点，我指的就是老鼠的入侵。人们把捉来的野猫放进地下室去对抗它们，但没过十年，一些人就声称国会里有只非同一般的猫在徘徊。

这个幽灵黑如沥青，但乍一看大体上和普通家猫并没什么不同，还不至于会引起人们过度的恐慌，只有它那发光的红眼除外。事实证明这就是它进一步搞破坏的征兆，这只猫有好多个夜晚都会来到这里，每次回来都会长大一些，而且越来越凶猛，直到变成了一只尖牙闪耀、利爪发光的狰狞黑豹。在惊恐的维修工传出怪物来了的消息时，这可怕的幽灵却神秘地消失了。几个月后，它又一次现身，只为了在这场可怕的躲猫猫游戏里一次次地玩着消失和重现的把戏。

谣言就此传开，人们只字不提无聊的夜班工人有可能豪饮了

多少摩闪威士忌或者其他劣酒才催发了这种幻觉。他们只讲了些最恐怖的事儿，说那些被放进国会大厦去灭鼠的猫里有一只身上附着……恶魔！这后来成了人们的常识。噢，得了吧，会有人相信这种鬼话吗？当美国准备在世界舞台上担纲主角的时候，坐在其权力宝座上的人们会不会轻信他们的国会大厦正在遭受一只猫

的幻象的祸害呢？

如果你还有这样的疑问，那你恐怕还没吸取教训。是的，他们信了！而且持续了几十年。新闻记者们散布着这个消息，即使他们自己从没亲眼得见，证据也相当可疑，但他们炮制了一张素描，上面画着一只牙尖齿利的巨猫在大厅里追赶劳工，以此给那些容易上当的公众提供了他们所需的全部证明。让人扫兴的是，由于缺乏灵感，这个幽灵被取名为"D.C."，同时指代了那只恶魔猫（Demonic Cat）和哥伦比亚特区（District of Columbia）[1]，从此它就成了国会大厦传说中的一个主角，存在感几乎不亚于那些参议员。

可别天真地把这都当成玩笑，要知道这对那些权威们来说可是极其严重的问题。他们低声谈论着一些与这头野兽有关的消息，因为它好像总会在自然灾害发生前的那一刻现身。他们警觉地注意到，无论是侵袭了宾夕法尼亚州的大洪水，还是在得克萨斯州登陆的飓风，又或是撼动了旧金山的一场地震，乃至恶魔造成的诸多其他惨剧，都有人在事前看到了它的身影。"这猫就是个凶兆吗？"他们问道，"要么就是它的存在引发了这些灾难？"或者，这会不会就是旧谣新造，现代人不该当真？他们没问最后这个问题，因为有太多人还是认定猫应该和邪恶有关，而且觉得这再自然不过。

你们人类很难摈弃信仰，数个世纪的压迫至此已延续了千年。但我们喵星人若是没有决心可就一无是处了，我们当中有些同胞就拒绝屈服于暴政。他们梦想着一个地方，黑暗时代的乌云在那儿终将散去，猫可以再次沐浴在爱和接纳的温暖光芒中。而且这

1　即华盛顿特区。

不是梦！这片地方确实存在，在这个喘息之所，人类抛开了偏见，因为我们的功勋而接受了我们。

啊，那儿大概是个神秘的猫咪天堂吧？

呃，好吧，不完全是，因为它本身也充满了危险和挑战。这条路本身就很艰险，只有欧洲最顽强的猫才有毅力走下去。我说的这片地方就是大海。我们是乘船来到欧洲的，在黑暗时代，有史以来最了不起的一批猫咪冒险家们又开始登船了。它们没有返回曾经拥抱过我们的世界，因为那儿早已烟消云散。如今为了寻找自由，它们冒险驶入了广阔的未知之地。所以我们也要把那些伤心的日子都抛在脑后啦，起锚！和我一起去追随那些好斗猫咪的脚步吧，它们怀揣着大胆的梦想，逃往浩瀚的蓝色海洋，而非翠绿的牧场。

那自豪的站姿正如它在猫咪文学中应得的地位一样：上图是法国画家夏尔·埃米尔·雅克（Charles Emile Jacque）在 1841 年为穿靴子的猫绘制的一幅版画。这是夏尔·佩罗最出名的一个故事，几乎各种语言的版本都有，甚至被拍成了故事片。一个真正的传奇！

我们喵星人从来就不是以守时著称的，所以他们对所谓"妖猫"也不该抱这个指望（据说这只恶魔猫给宾夕法尼亚州的一个小镇造成了恐慌），要挨枪子儿的约定就更是如此了 [1]。摘自宾州《纽卡斯尔先驱报》（*New Castle Herald*，PA），1911 年 10 月 6 日。

1897 年，俄亥俄州的里奇菲尔德中心已日渐衰败。瘟疫和邪祟啊！人们忍受着没法确诊的疾病，奶牛产的奶里都混着血液。新闻记者来到镇上后竟跟该州其他地方的人说这一切的罪魁祸首就是……一只流浪猫？

1　新闻标题是"妖猫未现身，黄金子弹无用武之地"。

THE DEMON CAT.

噢，你们人类在你们个子比较大的时候多喜欢玩闹啊，但形势一逆转，你们又跑得
多狼狈啊。这一新闻[1]曾发表于 1898 年的多家报纸之上，还配上了一位画家描绘的
恶魔猫（D.C.）的再现图，它是出没于美国首都的一个最为传奇的幽灵。

1　指前文中的恶魔猫给美国国会大厦造成的恐慌。

大逃亡

—— 古往今来的航海猫 ——
（以及其他的猫咪英雄！）

The Great Escape

在西方历史上的诸多个世纪里，铺天盖地的深重压迫只给了我们一次逃亡的机会，而且成功的希望很小。但那些登船出海的猫还是冒险前往了一处它们有可能找到尊重甚至爱的地方。当人类的城市在远处摇曳，最终消失于地平线时，海浪的汹涌之力可以洗刷巫术和恶行的罪名，旧世界那偏见的枷锁被抛掷一旁。要适应水手的生活可一点都不容易，那些完成了转型的猫不仅获得了和其他动物同等的地位——我敢说，它们甚至也能和人类平起平坐。

　　猫在船上生活可能会让你有些惊讶，但其实，我们从古时候就开始出海了。腓尼基人的确用桨帆船带我们穿越了地中海，但在那之前很久，埃及贵族就已经和我们一起乘船出行了。那些时代可不一样，我们在横渡尼罗河的船队里都是备受尊敬的客人。但在后来的那段黑暗的日子里，一切都不容易，我们得努力干活才能在欧洲港口的那些送我们出海的船只上挣口吃食。

　　不出所料，派我们过去就是为了控制那些啮齿动物。船都是木制的，破旧不堪，老鼠很容易溜进去。它们会糟蹋粮食，让全体船员面临挨饿的危险。这是个很严肃的事儿，水手们都清楚他们有多仰仗我们。没有船员会在船上没猫的情况下冒险离港，有时候船上都不止一只猫。你们的大航海时代（Age of Exploration）[1]也由此成为喵星人的扩张时代。你们殖民世界的时候，我们也在你们身边拓土开疆，很多猫的殖民地就建在一些偏远的港口，便于有需要的船只雇用我们。

不过对于航海人来说，我们可不仅仅是一套控鼠系统。和我们近距离地生活让他们了解了猫的真相，虽然我们在家乡可能依旧被看作女巫的同伙，但在公海上，我们都是朋友。鉴于大海就是个冷酷的情妇，人们往往需要一个朋友，这就使得无数代水手对他们小猫的喜爱在航海术语里都得到了反映。甲板上的过道变成了"猫道"（catwalk），而"船猫生崽了"（the ship's cat kittened）则是水手们下班时常说的一句话。还有不少例子，比如行为不端的船员可能会挨"九尾鞭"（cat-o'-nine-tails）——这是英国海军用来形容多穗鞭子的一个词，荷兰和西班牙也有类似的说法，那儿的水手也需要一点猫式风纪。

水手们后来发现我们还拥有不少出人意料的技能，于是对我

---

1 即 15 到 17 世纪的地理大发现时代，当时有很多欧洲的船队在世界各地寻找新的贸易路线和贸易伙伴。

们愈发感恩。举个例子，他们会把我们当成一种能预测天气变化的可靠工具。"得了吧，芭芭，这不就是船上的迷信吗？"在你做出这个判断之前，请记住，我们喵星人感知自然现象的敏锐度是远远超出人类官能的。在现代气象设备出现之前的岁月里，我们对气压变化的敏感度就算不比当时的类似技术更精确，大概也不落下风。根据一种常见的理论，如果船上的猫直直地竖起尾巴，那接下来的 48 个小时就都会是晴天；如果它垂下尾巴，那风暴就要来了。当然，每只猫可能都会用自己的一套独特的动作和姿势来传达它的预测，但一个好水手肯定知道其中要旨：如果他能读懂自己的猫，他就能读懂天气！

大家也十分看重我们的航海家天赋。如果你怀疑职业水手会寻求猫的指导，请记住，我们杰出的归巢本能可是无人不晓的哦。毕竟，当我们从院子里消失时，慌的是你们——我们可不担心，因为我们绝对有信心找到回家的路。在公海上能见度为零的情况下，有见识的船长就有可能会借助船上小猫的智慧，希望它那精心磨练的方向感能引导船只走上正确的航线。

不信？那我讲个警世故事吧，这故事和埃利科湖号（*Lake Eliko*）美国货船上船员们的命运有关。1920 年 2 月，埃利科湖号正停泊在苏格兰格兰杰默斯（Grangemouth）[1]附近，11 名水

1　苏格兰港口。

手带着他们的小猫斑斑划小艇上岸休假。但他们在当晚返回货轮时却遭遇了一场意想不到的风暴。海浪来势汹汹，一波猛过一波！他们的小船就像玩具一样晃动起来！人和猫都被抛进了波涛汹涌的海水里！瓢泼大雨拍打着众人的脸，他们绝望地挣扎着，而货轮和海岸都隐没于黑夜之中，他们也不知该游向何方。

但随后黑暗里传出了一个声音。一种熟悉的喵喵声在这极度的混乱里响起。有两个明眼人看见斑斑游走了，它叫着让他们跟上。要信这只猫吗？你还在怀疑吗？在这命悬一线之际，11 人里有 9 人马上就急追而去，它最终带着他们安全地返回了货船。那另外 2 人呢？如果你还在怀疑一只猫在瀚海中的导航能力，那可以直接去问问那两位。在戴维·琼斯的储物柜（Davy Jones' Locker）[1] 底下就可以找到他们了。

当然，也不是每只猫都能适应航海生活，但那些充满奉献精神和刚毅品质的猫爱上了大海，甚至有记录表明有些猫拒绝再踏爪陆地。你可能要问了，这些猫能旅行多远呢？还用说么，远到七大洋所能企及的地方呗。虽然那些猫很少（好吧，从来没有）好好记录过它们的旅程，但我们可以把现代航行里程的领军

---

1 18 世纪以来在海员当中流传的一个俗语，意指葬身海底或死于海上的水手们的灵魂归宿。

者——楚班陶泰公主（Princess Truban Tao-Tai）当成一个可望而不可及的参考。这是一只混种的暹罗猫，1959 年成为酋长号蒸汽矿砂船（SS *Sagamore*）的船员，它在海上度过了 20 多年，根据航海日志，它的航行里程是……你想猜猜看吗？

让人叹服的 150 万英里（约 241 万千米）！

我们要不要换个说法？这相当于在纽约和伦敦之间往返 400 多次，或者在地球和月球之间跑 3 个来回。当然了，能在海上度过一生的猫天生就非同一般。有个沉迷这一话题的记者向读者们解释过："'船猫'是一个独立的、自给自足的品种，它们不同于一般的猫，就像它们的人类同行——海员——不同于他们的旱鸭子同胞一样。"同一时期，马赛的一名船长也告诉另一位好奇的作家，说我们当中的一些猫对航海的热情实在太强烈了，所以要是我们乘的船在港口磨蹭太久，那好吧，时间不等猫，咱干脆就跳到下一艘出发的船上去了。这类猫被海员们戏称为码头跳跃者或海上漫游者，因为它们有这种一时兴起就换船的习惯。

不过也有很多忠于一艘船或一名船员的猫，它们常会表现出一种不可思议的能力，那就是在面临巨大的困境时也会一直留在自己的船上。"它们真是个神奇的物种，"那名船长接着说，"它们好像本能地知道一艘船什么时候会离港。在我们靠岸几分钟后，我看到它们从舷梯蹿出去了，恰恰在开船之前，它们又露面了。我还听说它们在一个港口离开了一艘船，结果在地球的另一头又跑上去了。"当然，任何了解猫的人都会相信，我们有可能会恰好在千钧一发的时候现身，赶上我们的船，但我敢肯定你会嘲笑后面这个说法，觉得那是浪漫的夸张。毕竟一只猫要是在一个港口离开了它的船，那肯定是不可能在另一个港口追上了。可能吗？

再说一次，先放下你的疑心，因为很多故事里的航海猫都这么干过，而且有大量记录在案的现代事例。比如燕尾服猫明妮（Minnie），20 世纪 20 年代，它曾是纽约圣乔治堡号班轮（Fort St. George）上的吉祥物。船长有 15 次都企图把明妮赶下船去，但它每次都能重返甲板。等等先，15 次？这船长的举动听起来可是相当粗鲁啊！

不过这次我要对他表示一点同情。明妮很喜欢在港口……呃，"鬼混"，你懂我的意思啦，总之在出海几周后就会有一窝猫崽子突然出现在甲板上。别品头论足！这无非是传统水手的恶习，由于船猫也是海员，所以它们这种道德上的放纵跟人类船员们也没什么两样。当然了，工作船不是孩子们该待的地方，明妮不断地生娃使得船长下定了赶走它的决心。

他的最后一次尝试牢固地树立了它在航海猫中的传奇地位。在纽约的时候，船长把它交给了一名船员，让对方上岸后把明妮送到一个它不可能回得来的地方。船员照办了，他在百老汇和 72 街之间挥别了可怜的明妮。有一点可以肯定，这里离港口很远，离百慕大群岛那片开阔的海域更是远上加远，而那儿正是圣乔治堡号的下一个目的地。可当这艘船停靠在汉密尔顿（Hamilton）[1]港时，你可想不到，这小猫直接走上舷梯来接受检阅了，它搭了个便船，在大西洋上横跨了 700 英里（约 1126 千米）。到了这份上，船长别无选择，只能认输。猫崽儿和不屈不挠的明妮都可以留下：我得说这个结果很公平，毕竟它已经证明了自己是一个比船长更内行的水手！

　　明妮的故事已经很惊人了，但我还有个更棒的故事。挪威货船哈尔马韦塞号（*Hjalmar Wessel*）在二战期间曾带着一只叫咪咪（Puss）的猫航行，这只猫深受船上那些主顾们的喜爱。然而1943 年它在阿尔及尔的港口失踪了。水手们搜寻了无数遍，却都是白费工夫。猫咪没找到，船呢，好吧，已经等得够久了。伤心的船员们只好继续启航。但咪咪没能登船并不是它的错。它被一只狗咬伤了，只能匍匐在地。受了伤的咪咪如今已意识到这个港口的偏僻角落里只剩下自己了，于是它开始积攒气力，以待将来的旅程。

　　咪咪在北非的这片海岸上扫视着广阔的地平线。它知道自己的船员就在蓝海与蓝天相接的那一头，于是决心找到他们。除咪咪自己，没人知道它经历了怎样的旅程。这个偷渡者，这只受了

1　北大西洋西部百慕大群岛汉密尔顿首府，港口城市。

伤的猫，它很可能是躲到了一艘从港口驶向地中海对岸的轮船的船舱里。与此同时，它的船员们正在驶向意大利半岛的鞋跟处——他们的目的地巴里（Bari）[1]。咪咪也径直奔向意大利了——有可能吗？但先等等……它搭的船没有开往巴里，而是驶向了巴列塔（Barletta）。勇敢的咪咪猜错了吗？它离目标已经这么近了，但还是偏出了 40 英里（约 64 千米）？

　　噢，再等等吧。要相信我们喵星人的第六感——就航海猫来说，也许我们应该假设它们有第七感，因为咪咪甚至比船员们懂得都多。在哈尔马韦塞号停靠巴里的前一天，那儿的港口遭到了盟军的轰炸。于是他们便改道去了……没错，巴列塔。咪咪猜对了，船进港时，水手们突然看到一个老朋友温驯地爬上了舷梯。他们急忙接它上船，然后带到舱里去给它疗伤。唉，为了找到他们，它耗尽了体力，第二天便离世了。但在你为它的逝去落泪之前，要明白其中的美好甚至胜过了哀伤。咪咪有一个最后的心愿，也有足够的力量来实现这个心愿：作为一名真正的水手，它终于在自己所爱的船员的怀抱中度过了生命的最后几个小时。

　　你已经见识了一些非常优秀的航海猫，它们肯定给你留下了深刻印象，但在接下来的篇章里，我们将踏上一片圣地，我会给

1　意大利半岛形似一只长筒靴，巴里位于其鞋跟处。

你讲一些最受推崇的故事（还有猫！）。我要聊的就是我们喵星人里最伟大的英雄和最坚定的冒险家。这些猫取得了令人难以置信的胜利，有时也会上演悲剧，它们标示出了人类历史的走向，因而其影响范围也远远超出了它们所效劳的那些船员。

其中最具传奇色彩的是特里姆，这是一只胸前有块白斑的黑色大公猫，我可以放心地代所有喵星人说一句，它在我们心里就是最伟大的猫咪水手。19 世纪初，特里姆曾随马修·弗林德斯（Matthew Flinders）[1] 船长出海，它是第一只绕澳大利亚航行的猫。后来它横渡了印度洋、太平洋和大西洋，于是又成为有记录以来最早环游了全球的猫。1799 年，它出生于英国皇家海军信赖号（HMS *Reliance*）这艘南太平洋的勘探船上，第一次呼吸的就是含盐的空气，所以堪称一只彻头彻尾的船猫。

它小时候做过的一件事就无疑能说明它是一只天生的海猫。当时它在甲板上玩耍，胡蹦乱跳，结果翻过了船边的栏杆，掉到海里去了。"小猫落水了！"船员们一边大喊一边手忙脚乱地施救。但是特里姆并不像他们想的那么无能，反而格外机敏。它游过咸咸的海水，攀上船身，又爬上一根绳子，船员们目瞪口呆地看着这只小猫完成了自救！

1　马修·弗林德斯（1774—1814），英国航海家、探险家、地图绘制者。他曾绕澳大利亚探险航行，绘制了世界上第一幅澳大利亚全图。

特里姆那种聪明顽皮的劲头儿让它成为信赖号上年轻军官们的宠儿，大家都会争抢它的毛爪，接到命令时，他们都希望能将它据为己有。当时还是中尉军官的弗林德斯最终获得了这只大猫的监护权。他们一起航行到了1803年，从日历看虽然只有四年，但以冒险生活来衡量也堪比好几辈子了。弗林德斯说特里姆是"我见过的最优秀的动物"，他很受触动，甚至还写过一本书，详述了他这只猫的英勇事迹。这是有史以来第一部猫咪传记，一位船长屈尊为一名船员写了回忆录，这肯定是极高的赞许了。

弗林德斯坦承他这只猫也不是没惹过麻烦——考虑到它既是一只猫，又是一名水手，我们应该也早能料到这点。它傲慢自大、爱慕虚荣，有时还会搞搞破坏。它一心血来潮可能就会直接从其他水手的餐叉上夺食，如果船上碰巧有狗的话，好吧，它也会毫不留情地捉弄它们，还把这视为自己义不容辞的责任。但这些不过是另一个真实故事中的脚注：特里姆是弄潮儿里最出色的猫，是一名全情投入的航海家，人们可以靠它来导航，控制啮齿动物，鼓舞水手的士气，密切地关注各种事态，而这些工作都是以最优秀的水手所应有的那种勤勉来完成的。

弗林德斯船长和特里姆一起成功地绘制了澳大利亚的海岸线，然后便直接返回了英国。弗林德斯本想安顿下来，让它适应陆上生活，但特里姆天生就比它的船长更适应海上生活，而这座城市也让它很不舒坦。它被留在伦敦，由一个女人照看，而弗林德斯处理好自己的事务后不久便听到了她的抱怨。无聊又恼火的特里姆快把她的家给毁了，她劝弗林德斯让它重归大海。

就这样，他们再度踏上了旅程。直到1803年，弗林德斯又准备从澳大利亚返回英国，结果在毛里求斯因涉嫌海上劫掠而被法国人拘留，其后被判在一艘双桅横帆船上服刑七年。特里姆也被抓了，它很可能跟它的船长一样是个海盗，甚至还不止如此，而它的判罪也一点不轻：它被交给了一个年轻的姑娘，当局裁定它应该成为一只家猫。"不用了，谢谢，伙计！"它立马就开溜了，这让弗林德斯非常难过，他再也没有见过它。伤心的弗林德斯担心特里姆可能已经遭到了最残忍的杀害。他琢磨着当地人会不会把它吃了？命运太残酷了，这位船长已经无法再进一步讨论这个话题了。

但我对故事的这个部分只会付之一笑。我很清楚特里姆跑到哪儿去了，我估计你们读者也心知肚明。法国海军想抓住它，那就和抓水差不多。特里姆生于海浪，也注定死于波涛，它绝不会成为某个岛上居民的腹中之物。没错，特里姆喜欢弗林德斯，但要等七年实在太过漫长。弗林德斯不愿承认的是，有一种权威高于船长，甚至高于海军上将，而他的猫实际上就是为这一权威献出了自己毕生的忠诚。我们不必怀疑，特里姆肯定是躲到了另一艘船上，继续为它真正的主人——大海——效劳去了。

特里姆的故事提醒我们，伟大的航海家们也面临着巨大的风

险，事实上，这些猫有不少都为它们的勇敢付出了生命的代价。花栗鼠夫人（Mrs. Chippy）的旅程是航海猫里最悲惨的，这是一只好看的斑猫，却不幸在1914年随欧内斯特·沙克尔顿（Ernest Shackleton）[1]的南极探险队登上了英国皇家海军坚韧号（HMS *Endurance*）。另一些猫也乘船到达过这个冰冷的南方极地，一对

---

1 欧内斯特·沙克尔顿（1874—1922），英国探险家，英国皇家南极探险队领队。

名叫黑墙（Blackwall）和白杨（Poplar）的猫就曾在1901年陪罗伯特·斯科特（Robert Scott）[1]来过这里。但与花栗鼠夫人的不幸之旅相比，它们的旅程不过是一次周日的兜风。花栗鼠夫人的霉运甚至从它的名字就开始了。是的，没错，虽然这个名字听起来像是母猫，但它实际上是船上的木匠哈里·麦克尼什（Harry McNeish）带上船的一只苏格兰公猫。这伙计也被人戏称为花栗鼠[2]，他和这只猫十分亲密，再加上水手们往往对人类女性的生理结构都相当了解，对猫却往往不甚了了，所以使得这位先生被误认成了夫人。

如果这个名字还算不上预兆的话，那么猫的直觉也已经让它心生警惕了。所以船一离埠，它就做出了一个对航海猫来说极其反常的举动：它破例跳船并企图游回英格兰。船员们把它从水里捞了起来，这无可厚非，因为他们都觉得自己是在做好事。花栗鼠夫人最难得的地方就在于它并没有闷闷不乐，而是在坚韧号上安顿了下来，大家都说它是个优秀的捕鼠匠，还能鼓舞众人的士气。事实证明，船员们非常需要它扮演好这两个角色，因为他们抵达南极洲后就上演了悲剧。

不过在继续讲述它的故事之前，我得先停下来插几句。你们

1　罗伯特·斯科特（1868—1912），英国海军军官、极地探险家。沙克尔顿曾是他领导的发现号南极探险船上的船员。

2　"Chippy"（花栗鼠）也有木匠之意。

的历史书都把欧内斯特·沙克尔顿认作一位伟人，但鉴于接下来发生的事儿，我觉得从猫的角度来考量他领导这样一次旅行的资格才是公道的。他既不是职业船长，也没有航海背景，他就是个富裕医生的儿子。他虽在商船队里做过学徒，并且一路晋升，但当坚韧号启航时，他已经有十多年没有活跃于海上了，在此期间，他也曾参与过一些航行至南极的计划，但这些尝试不仅失败了，还几乎造成了灾难性的后果。

所以他主要的资格其实就是建立在一种永不满足的渴望之上，亦即要赶在其他国家之前把米字旗插到地球的最南端。对于当时的英国人来说，这就足以让他适任这份工作了，虽然这种简历对任何一只猫来说都不合格。噢，说起来我们真是不懂人类的那种自负心。甘冒巨大的风险，只为了在地图上的一个用虚线划定的地区插上旗子，这对我们来说不过是愚蠢罢了，要是给其他生灵带来灾祸，那更是糟糕透顶，而这次远航也确实惹来了祸端。

有经验的助手告诫沙克尔顿，不要让船太深入浮冰，但只要能把坚韧号向前推进一英寸，他的旗帜也就能插得更近一点。这艘船越驶越近，结果你就瞧吧，那是成群的猛犸象般的冰山，都伸着脖子看着那帮出现在它们这片偏远而寒冷的土地上的不速之客，后路已堵，他们无处可逃。船员们被困在了世界的底部，插旗的目标马上就被搁置一旁了，取而代之的是一个对猫咪心理来说极易理解的目标：生存。人们清点过口粮之后发现只是勉强够

吃。船上所有人都为那个不可避免的境况做好了准备。因为在那里，在那个人们能想象到的最偏远的地方，猫和船员们只能数着日历过日子，而每过一天都让他们更接近严酷的极地寒冬。

南极的冬天果然无情。比汽车速度还快的狂风反复拷打着船员们的精神，紧随其后的是零下 50 摄氏度以下的低温。至于太阳，它直接被人从天上偷走了，取而代之的是无尽的黑夜，只有遥远而陌生的星星的闪烁能透出点儿亮来。这不是猫待的地方！但在那艘冻结的船上，花栗鼠夫人还是和船员们蜷缩在一起，尽全力忍耐着。这只猫的贡献现在看起来就更有价值了，因为它在途中杀死的每只老鼠都为军需处省下了几块珍贵的食物。除了微薄的口粮，他们只剩下风干的海豹、企鹅肉以及他们能捕获和保存的一些东西了，然而这些物资也所剩无几。

出乎他们意料的是，更要命的情况还在后头。人们希望冰层会在 1915 年 10 月（南极开春之时）破裂，然后就有机会找到一条返回开阔水域的航道。冰层确实破裂了，但巨大而厚重的冰山群还没有放弃比赛。它们并没有漂到一旁以给这艘船放行，而是用其锯齿状边缘挤压着木质船体。到目前为止，坚韧号都对得起它的名号，然而纵使如此宏伟而坚固，它至此也被逼到了极限，船身终于崩塌了。船员们从碎片里尽可能地抢救了一些物资，然后搬到了临时的营地和帐篷里。花栗鼠夫人已经获得了一个让它不情不愿的称号，那就是第一只在南极熬过了冬天的猫，如今它又要获得另一个称号了——第一只在冰层上扎营的猫。

随着形势的恶化，沙克尔顿断定唯一的希望就是搭乘剩下的救生艇大胆尝试逃离，前往 300 英里（约 482 千米）外的象岛（Elephant Island），然后再转往 700 英里（约 1126 千米）外的南乔治亚岛（South Georgia Island）上的一处最近的人口密集地。这都没什么可指摘的，但他还下了一道令，说是必须把所有在他看来对营救行动不必要的东西都处理掉，从猫史的角度来看，这个决定就是对一只兢兢业业的好心猫咪的最大背叛。因为根据欧内斯特·沙克尔顿的重要意见，花栗鼠夫人也被列上了那份可抛弃物品的清单。

船员们提出抗议，让沙克尔顿饶猫一命，但他表示这些东西必须都自愿舍弃掉。为了强调这一点，他自己也把一些金币扔到了冰层上，又撕掉了自己的《圣经》，然后把其中的一部分扔掉了。好吧，先生，这世上有很多金币，沙克尔顿也不是个穷人。至于那本圣经，注意了，他甚至没有整本扔掉，而是保留了扉页，尽管内文部分被理直气壮地丢弃了，因为其中说明了动物和人类都是同一个上帝创造的。沙克尔顿舍弃的东西没法和花栗鼠夫人的性命相提并论，但他的决定很坚决。他下令，只救"船员"。

"等等！"你肯定会急忙提出抗议，"花栗鼠夫人不也是船员之一吗？不是跟其他人一样都是水手吗？它不就是你给我们讲过的船猫吗，芭芭？"的确，你说得对。照它那些同伴们的话讲，花栗鼠夫人不仅是一个忠诚的船员，也最受大家喜爱。它和坚韧号上的人们一同经历了长达数月的困苦，一代代自豪的水手们传承下来的海洋信条，决定了它理应受到不亚于船上任何人的尊重。

不过我对欧内斯特·沙克尔顿的看法已经跟你说过了。他就是一个为了旗帜和荣誉而投身于海洋的半吊子，并不能真正理解水手和猫之间的纽带关系，也不明白一个有四只爪子的船员是冒了怎样的生命危险在辛勤工作，就像一个两只脚的船员一样金贵。人类无知起来真是不可理喻，他最后对任何恳求都没有让步。所以结果就是这样。在沙克尔顿的命令之下，花栗鼠夫人在寒冷而荒芜的南极冰层上被杀害了。

至于逃生，他们的一艘救生艇确实完成了前往南乔治亚岛的远征。人类船员获救了，我没说这次营救行动不是英勇壮举，但如果我觉得结局有些空落落的，你肯定不会怪我。哈里·麦克尼什就是这种感受，因为毕竟是他把花栗鼠夫人带上船的。他一直没有原谅沙克尔顿，事后也拒绝谈论此人，有人问起，他就会说那个前任船长杀了他的猫。伤心的麦克尼什连英国都不愿待了，他后来定居于新西兰，1930 年在那儿去世。不管怎样，这故事最后还是有点人性的。在花栗鼠夫人去世近四分之三个世纪后，新西兰南极学会（New Zealand Antarctic Society）出资给它铸造了一尊青铜像，安放在麦克尼什的坟墓之上，让它象征性地回到了这个在当年的悲惨之旅中痛失所爱的伤心人身边。

英国政府对沙克尔顿赞不绝口，把这场溃败当作一次胜利向公众兜售。他被封为爵士，为所谓"没有失去一名船员"而洋洋自得。但我是不会被他的话迷惑的，你们也别信。因为这不是实情。直到今天，坚韧号的一名船员的遗体依然躺在南极冰层的某处。花栗鼠夫人还在那里，它勤奋而忠诚的工作在船长那儿得到的回报，就是这片荒凉而无际的冰封大陆上的一个没有标志的坟。

有些人认为我对沙克尔顿的评价不公，觉得我这是诋毁英雄，那我就把花栗鼠夫人的死和奈杰劳卡克（Nigeraukak）的命运比较一下吧，这样它遭遇的不公就更明显了。奈杰劳卡克是一只燕尾服猫，曾在加拿大北极探险船——加拿大皇家海军卡鲁克号（HMCS *Karluk*）上服役。它们的故事只相隔一年，而且两者之间还有着惊人的相似之处。1913 年，卡鲁克号在一次北极探险中被冰封了。它最终也被挤垮，并于 1 月份的北极严冬中沉没。在生死攸关的情况下，困在这个世界顶端的船员们也面临着同样的挑战——严寒、疾病和供应减少——甚至还有一个坚韧号上的人没碰到的麻烦：北极熊的掠夺。

他们同样要前往最近的人类定居点，踏上这漫长而危险的旅程，但他们在面对这种可怕的前景时也始终没有抛弃他们的猫！相反，他们做了一个毛皮衬里的荷包，好带上奈杰劳卡克，每个人都拿出了一点口粮来维持它的生计。他们都承认这只猫是船员中的一分子，仅仅因为这个原因，他们都不愿抛弃它。但它在他们眼里也不止如此。对于卡鲁克号上的人来说，它就是他们在最恶劣的条件下还有能力保有人性的象征。弃猫意味着放弃自己的信念，他们相信，只要它能活下来，那他们也能。

经历了残酷的九个月后，救援队来了，当时的幸存者合计有十五名：十四个人和一只猫！奈杰劳卡克后来和一名船员住在费城，每次它生下一窝小猫，都会有一名探险队的成员收养一只。这些小猫能让人们想起他们所共同分享、忍受和征服的一切，包括他们的那只猫。这种做法在我看来很美好（老实说，我觉得他们到一定时候应该考虑给它做个绝育），也引发了我对这件事的最后思考：这或许有些不易或不便，但你们人类应该意识到一点，对于人类和动物都要面临的问题，只要你们愿意超越一己之私去寻找，那总会找出一个富有同情心的解决方案的。

无数个世纪以来，我们那些漂泊于海上的祖先就一直在默默地为拯救它们的水手雇主们而劳作。但直到 20 世纪的第一个 10 年，航海猫的成就和悲剧才在航海界之外得到了应有的重视。我想让你们知道，在这些英勇的喵星人里，有一些在普罗大众当中也赢得了不小的声誉。咱们在后面的章节就会看到，对我们的污名化到这时就已经是过去式了，记者报道了一战时我们在无畏舰（dreadnought）[1] 上服役的情况之后，有不少人都宣扬起我们来了。

塞德伯伊（Sideboy）是最早的受益猫之一，这只黑猫随英国皇家海军海神号（HMS *Neptune*）奔赴了战场。船员们非常喜欢它，甚至印制了带有它形象的明信片，寄回家向亲友炫耀。他们寄过船长的照片吗？呃，没门儿！谁想看一个须发花白的老海军军官啊？但一只帅气的水手猫可就值得显摆了。塞德伯伊在报刊

1　20 世纪初各海军强国竞相建造的一种先进的主力战舰的统称。

编辑中也同样广受欢迎，它斜躺在大伙为它搭建的迷你吊床上的照片让他们欲罢不能。

在 1916 年的日德兰海战（Battle of Jutland）[1] 中，英国舰队的旗舰皇家海军乔治五世国王号（HMS *King George V*）上，有只叫吉米（Jimmy）的长毛玳瑁猫发现自己也成了个名流。当时的情况可是万分危急啊，伙计们，一架大炮爆炸时弹出的一块弹片径直朝吉米的脸上飞去，险些让它一命呜呼。幸好猫特有的敏捷反应让它的脑袋躲过了这块碎片，但它还是失去了一只耳朵的耳尖。这次负伤不仅为吉米赢得了好多吹捧它勇敢的剪报，还让它获得了海军部的官方表彰，使它成为历史上首只获颁勋章的海军猫。公众在战后也没有忘记它。作为一名曾荣获勋章的退伍老兵，吉米很受欢迎，它经常会出面给自己住的切尔西宠物之家募资。

人类终于认识到猫能有多勇敢了。这其实花了好长时间，因为这些勇敢的猫所获得的赞誉早就该授予历史清单上那些前赴后继的猫咪英雄了，其中可不仅仅只有航海猫。有只叫汤姆（Tom）的斑猫就曾在陆军服役，它非常出名，在克里米亚战争（Crimean War）[2] 中拯救过英法两国的军队。1854 年，保卫乌克兰塞瓦斯托

1　英德两国于一战期间在丹麦日德兰半岛附近北海海域展开的一场海战。

2　1853 至 1856 年间在欧洲爆发的一场战争，俄国与英法两国为争夺小亚细亚地区的控制权而大打出手，战场位于黑海沿岸的克里米亚半岛。

波尔（Sebastopol）港口的英法联军补给出现了严重短缺，处境岌岌可危——直到汤姆出手前都是如此。作为一只乌克兰党派的猫，它拒绝袖手旁观，不愿眼睁睁看着自己的国家落入俄国人手中，于是也参加了战斗，它把沙皇军队的粮食藏匿点透露给了英国人和法国人，让这些保卫自己城市的人填饱了肚子。感激的将士承认他们欠下了汤姆的恩情，把它当成了吉祥物，还在战后把它带回了英国。

俄国人打输了这一仗，但他们也有不少动人的猫咪英雄史。在二战期间，两只最优秀的俄国猫就曾力挽狂澜，阻遏了德军前进的步伐，当时它们都参与了战况最激烈的斯大林格勒战役。棕猫墨卡（Mourka）是其中一只，它脖子周围有一片白毛，和一队资深的侦察员驻扎在一起，还会带着藏在领子里的炮兵阵地情报偷偷穿越德军防线。人类是个疑心很重的物种，历史学家对墨卡服役背后的动机多有中伤。他们估摸着它多半对效力于伟大的苏维埃并没什么兴趣，它感兴趣的是回到总部后就能享受的那顿晚餐。这是说真的吗？亲爱的读者，如果你怀疑它的勇气，那我问你：只为了桌上那点残渣，你会偷偷穿过纳粹的兵营吗？不会，我看你不会。要不是真正的同志，猫也一样不会。

另一只斯大林格勒的猫是在 124 步枪旅服役，这支部队负责保卫斯巴达诺夫卡村（Spartanovka）和莱诺克村（Rynok）。它起

初就是一只饥肠辘辘的流浪猫，俄军将士们可怜它，就尽量省下些口粮来喂它。那之后它每天都来，士兵们注意到它离开时总会朝敌军防线的方向跑去，所以有天他们就给它戴了个项圈，附上了劝降德军的传单。果然，它回来时传单不见了……这只猫把它们都送到纳粹士兵手上去了！自此以后，这只流浪猫就成了苏维埃的宣传猫，受命去执行一些日常任务，传递削弱德军士气的消息。为了感谢它的付出，124步枪旅的将士们也把它当成了吉祥物。哦，想成为这支部队的一员，那它还需要一个名字。所以他们都叫它杰雷伊（Geroy），俄语意为"英雄"。

天空中也有我们英勇的身影，战争期间，有些猫就曾在飞机上服役——我们还有个同胞去过更高的地方。20世纪60年代的苏联太空狗计划至今令人着迷，但历史已经可悲地遗忘了法国在当时还制订过一项太空猫计划。一支由14只巴黎小巷中最出色的流浪猫组成的一流团队受召成为

准试飞员，其中有只叫费莉切特（Felicette）的燕尾服猫被选为猫咪信使，它历史性地穿越了平流层，超出了任何一只猫所能梦想的高度。1963 年 10 月 18 日，它乘坐韦罗尼克号（*Véronique*）火箭飞向了天际。

　　火箭在阿尔及利亚小镇哈马吉尔（Hammaguir）点火发射，

费莉切特升到了撒哈拉沙漠上空 100 英里（约 161 千米）处的高空，在空中飞行了 15 分钟——顺便一提，可能有点哆嗦了，但我得说，这和第一个进入太空的美国人艾伦·谢泼德（Alan Shepard）的滞空时间相同。在整个过程里，费莉切特身上的电极都在向地面科学家传输它的各种反应的重要数据。有人跟你说

过我们讨厌旅行吗？好吧，这是只很酷的猫，从头到尾都保持着冷静和镇定。紧张的实际上不是这位飞行员，而是地勤人员，因为火箭坠落时产生的热量和气流都达到了临界水平。他们会失去勇敢的费莉切特吗？它会像第一只太空狗莱卡（Laika）一样死去吗？突然间……"砰"！太空舱弹射了出来，降落伞展开了！救援队在沙漠中狂奔过去，拉开了太空舱的舱门，然后听到了一声幸福的"喵呜"！费莉切特还活着，它作为英雄回到了法国。

如果你就想看这样的英雄，那我可把最伟大的留到最后了。现在我要把你带回到船上，因为在海上我们才能找到这些英雄中的佼佼者：一等海猫（Able Sea Cat）[1]西蒙（Simon）。如果有人想一窥航海猫历史的缩影，那只用听听它的故事就行，因为猫咪水手们在无数个世纪里体验过的所有奇遇、情谊和危险好像都被西蒙集于一身了。要是听完它的传奇故事还找不到你想要的英雄事迹，赶紧告诉我。

西蒙出生在中国香港港口，1948 年，一群英国水手在那儿的一个码头上发现了它。这是一只骨瘦如柴的小猫，艰苦的生活让它疤痕累累。它的毛色大部分是黑色的，但胸部和下巴之间有一大片突出的白毛，还有一条白痕从左脸一直延伸到眼睛附近。这小家伙不怕水手，也不疏远他们；它就是对这些人很好

1　一等海猫对应的是英国皇家海军军衔一等水兵（Able Seaman）。

奇，想跟他们交朋友。这种既聪明又大胆的态度相当特别，水手们决定把它偷偷带上他们的船——英国皇家海军紫石英号（HMS *Amethyst*）。

　　船长发现了这个偷渡者，于是叫人把这只猫带到自己跟前。作为一名指挥官，他对一切有关航海的事物都明察秋毫。紫石英号上没有船猫，而对不谙航海的人来说，这不过就是一只肮脏的流浪猫，但船长看出了它的潜力。这只码头猫通过了考核！事实将证明这是个不可思议的远见，但还有个条件：这个新船员也有自己的职责。如果它想留在船上，那就必须证明它能捉老鼠。

　　这对它来说是小事一桩，它激动地融入了自己的新生活之中。这种兴奋可以想见：它尽了全力在码头上勉强度日，如今却和这群水手们一起住在他们的大船上。他们在甲板上和它一起玩耍，它追赶着他们快速移动的脚步。风从大洋上吹来，浪花拍过船头，到处都是新鲜的声音和气味。他们还给它起了个名字，叫它"西蒙"。它曾经是一只孤独的码头猫，但现在则成了一次事件的参与者，而且是个大事件。

　　这个事很快就闹大了。西蒙和船员们即将受命展开行动，驾驶紫石英号逆流而上，却没有料到这蜿蜒绵长的江岸边会有大炮在密林的掩护下开火。有埋伏！爆炸震得紫石英号不停晃动，造成的破坏让船员们无法还击。这艘炮艇只能晃晃悠悠地在江流中

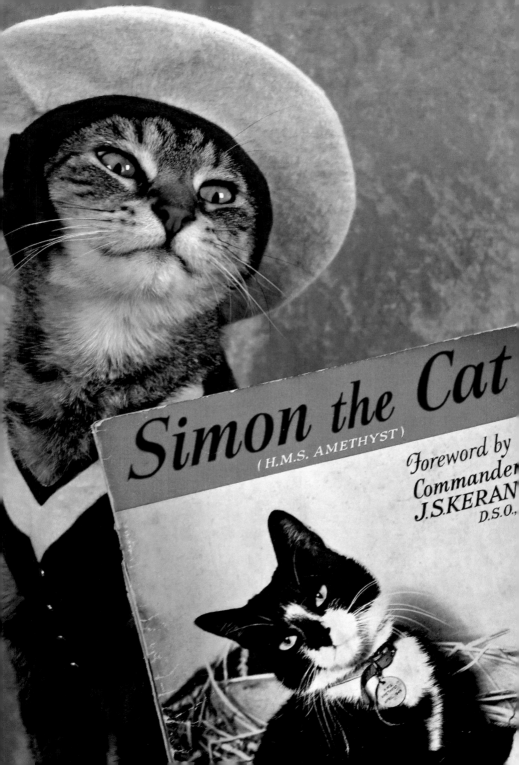

前行，直到远离了敌军火炮的射程，但状况还是很糟。

遇难者名单里包括但不限于船长本人，一发炮弹击中了他的营房，让他命陨当场。小西蒙呢？船体遭受炮击时，它正在船长的隔间里睡觉。在这次袭击后的混乱之中，它虽被弹片所伤，毛也烤焦了，但还是从一片狼藉中拼命挣脱出来，一瘸一拐地走上了甲板。同伴们赶紧把这只受伤的猫送到医务室，但也没起什么作用。有不少战士都需要照料，而且紫石英号也不可能专门带个会给猫看病的医务人员。西蒙得到了一点安慰，仅此而已。此外，船员们还面临着更大的问题。这60人被困在了一处偏僻的江段上。在深处敌军领地且物资有限的情况下，他们必须找到一条求生之路。

紫石英号祸不单行，因为一个意想不到的新对手也在此时驾临了，它们想把已经虚弱不堪的水手们彻底打垮。这对手不是人类，而是一些鼠辈：老鼠们从周围的灌木丛里蜂拥而至，大举入侵了这艘船。老鼠们随心所欲地偷取船上的粮食，爬过孔洞，躲进缝隙，在船体的暗处进进出出，而高大强壮的人在这种地方没法和它们作战。这艘船的物资状况一开始就很严峻，如果不能阻止这些老鼠，后果不堪设想。

若问人们何时会需要英雄，那就是现在了，衣衫褴褛的水手们马上就会知道，上苍已经在码头给他们派去了一位英雄。小西蒙是受伤了，但它是一只猫，我可能得提醒一下你，它不再是随

随便便的一只猫，而是一只船猫，也是喵星人数千年的传统和忠于职守的表率。这种困境不就是猫咪们最初被带上船的原因吗？船长准许西蒙加入船员队伍时不也和它立约了吗？它可以留在船上，但必须证明它能捕鼠。

　　噢，容我在这儿稍作停顿，我们喵星人的一些小事要给你们解释一下。虽然经常有人批评我们漫不经心或心不在焉，但其实我们很有同情心，也很体贴。我们可能是觉得没必要为一些俗事烦心，但相信我，真有麻烦的时候我们是知道的，西蒙也完全明白它的船员们所面临的严峻处境。别被我们小小的个子给骗了。事实上每个爱猫的人都知道，我们的心有多大，本事就有多大，西蒙的身体里跳动着一颗狮子的心。紫石英号上的人收留了它，给了它一次机会，它已经准备为他们献出自己的一切了，让身上的伤见鬼去吧。

不过你可能会好奇西蒙有没有做好迎接挑战的准备，因为它不久前才当上船猫，还是个新手。在这儿我要给你提个醒，不要小瞧它在香港粗糙的码头上度过的青葱岁月。流浪猫的生存靠的就是敏锐的本能和迅速的反应。这家伙可比它的外表要强悍得多，现在它就要进入狭小的货舱了，那儿将成为它的战场。想象一下这个戏剧性的场面吧：黑暗中一片寂静，西蒙像幽灵一样在各个角落和缝隙中匍匐前行。突然间它停了下来，后腿一蹬，腾空而起，但仍然没有发出任何声响。一次突然的猛扑！接下来就是一阵啪嗒声和嘶嘶声，以及蹦蹦跳跳的响声和有些东西被撞到的声音！然后一切复归沉寂，只有猫掌轻柔的踩踏声，这时西蒙便会从黑暗里出现了。它嘴里含的是啥？是鼠王了无生气的尸体。

它第一次出手就逮住了头儿！要是船长能活着看见就好了。

小西蒙会抓老鼠吗？不但会，而且和其他的猫不同，它从此成为一道不可逾越的屏障，一名警觉的卫士，对每一只胆敢闯进紫石英号的老鼠展开猎杀。与此同时，它还发挥了更大的影响力。船员队伍是由一些自豪的职业战士组成的，但他们此时都相当无助，他们的作战能力被褫夺了。但西蒙找到了代他们去战斗的办法。不仅要战斗，而且要打赢。西蒙抓到的每只老鼠对虚弱的水手们来说都是一场胜利，每当它干掉一只，他们都会欢呼庆祝，而且一直在给它计数。

在面对残酷的命运之时，西蒙让人相形见绌，却也由此鼓舞了水手们的士气。它也很清楚这一点。不久它就开始在医务室里四处巡视，检查每个人的状况，这儿嗅嗅，那儿摸摸，然后又把这种关怀延伸到了所有船员，它的爱为大家带来了抵抗绝望的希望之光。紫石英号上的人给了西蒙友情，而西蒙的回报之大则是他们没法想象的。在它的悉心守护下，物资供应得以维持，如今恢复元气的船员们也修补好了这艘舰艇。在夜幕的掩护下，紫石英号从悲剧的边缘勇敢地奔向自由，顺江而下，回到了安全的地方。他们活下来了！

也许你们中的一些人会觉得这一切不过是个玩笑，这只猫的英勇表现只是猫奴搞出的噱头，那么就让我来透露一下紫石英号被困了多长时间吧：110 天。在近四个月的时间里，西蒙一直在勤勤恳恳地履行着职责，保卫着粮库里的每一块残渣，它还充当了一座堡垒，唯恐船员们会放弃希望。也许你想出了不靠它也能让他们活下来的办法，反正我想不出。

当船驶入开阔水域之后，这只猫的无私行为就传开了，小西蒙突然成了一个大腕儿。它开始在报刊上露脸，记者们报道了这个非典型英雄的故事。人们得知西蒙的事迹之后都被它的忠诚和勇敢感动了，世界各地的信件和礼物纷至沓来。在这艘船停靠的每一个港口，都有一袋袋的邮件等待着他们，里面装满了感谢信、玩具和猫的零食，收件人全是紫石英号上的西蒙。奖励和表彰也开始陆续到位。它成了第一只获得迪肯勋章（Dickin Medal）的猫，这也被称为动物版的维多利亚十字勋章（Victoria Cross），而英国皇家海军也授予了它一个独有的军衔：一等海猫。人们都在为这只码头出身的流浪猫而欢庆，这一切对身世卑微的西蒙来说可能显得有点过头了，但咱们敢说这种奉承不是它应得的吗？

大多数有关西蒙生平的报道到这儿一般就会收尾了，好让受众沉湎于一只勇敢的猫从此开始了幸福生活的幻想里。但我不会这么干。西蒙的故事并没有以勋章和邮袋告终，我也不会推卸我作为叙述者的责任，所以我会把它讲完。我的同胞们早已学会了一点，要和你们一起生活，那就永远不要以为什么事情都是理所当然的，我们不也遭遇过人类的背叛吗？接下来的段落可能并不是你预计的结局，因为当这艘船驶回英国后，我们的英雄就被出卖了。

紫石英号准备在普利茅斯停靠时，政府发来指示，不准西蒙与船员一起下船。为什么？你想知道？啊，好吧，你肯定还记得它的出生地吧。我们已经注意到了，人类会愚蠢地划出一些虚构的界线，在国家的幌子下把一个民族和另一个民族分开。现在还把这一套用到了猫身上，更是蠢大发了。见鬼的勋章，西蒙怎么敢不生在包含不列颠这个词的界线之内呢？对于这种轻率的行为，有必要先洗清罪名，因为根据规定，这会使得它成为一只——令人震惊至极的——移民猫。西蒙只能待在这艘船上，按规矩它必须被隔离很长一段时间。

船员们当然提出了抗议。西蒙也是他们中的一员，而且不仅如此，它或许还是他们当中最优秀的！但下令的不是这些水手的同僚，而是上级，是那些坐办公室的人，一群旱鸭子，尽管他们一生都未曾在滔天海浪中擦去额头上的咸沫，但他们权柄在握。对这类人来说，数百年来让人引以为豪的航海传统全无意义。船上的猫在他们看来……不过是一只猫而已，他们永远都不会明白，西蒙和任何人类一样，也是紫石英号船员中的一分子。对这些人来说，规矩就是规矩，没有人情可言，必须服从。

就在紫石英号靠岸时，有一场公众庆祝活动正等待着船员们，那真是呼声喧天、佳音频传、旗帜招展，只有一名船员被排除在外了。这个身材最小而心却最大的船员只能待在一个笼子里。耸

人听闻的不公！那些歌颂过西蒙的记者们的反应都带着一丝幽默。"西蒙被隔离了？那它等待的时候可以玩玩自己的勋章啦。"他们说笑道。不过我不能怪他们：在对这个事态变化心存疑虑的情况下，他们别无选择，只能轻描淡写地把这当成一件小事来掩盖怒火。但这可不是个开玩笑的事儿。1949 年 11 月 28 日，西蒙在英国隔离期间去世了。

办公室里那些人找的借口都站不住脚。他们宣称西蒙是死于战伤。是真的吗？在它那几个月的战时服役期间，这些伤没做任何恰当的医疗护理不也被它克服了吗？它不是带着同样的伤绕了大半个世界来到英格兰了吗？现在它在英国政府手里，本应接受最好的兽医治疗，却突然被伤病征服了？我不信这套，你随便问一只猫都不会信。虽然我没法肯定地告诉你西蒙到底是怎么死的，但咱们可以大胆地猜测一下。也许是它在关押期间得了传染病？或者是它对英国的某种猫科疾病缺乏免疫力？

按人类的逻辑一般就会这么推测，但是按猫的逻辑，这当中可能就另有缘由了。如果我现在的语气有点多愁善感，你可别见怪。为了感谢那些收留弃猫的可敬之人，西蒙献出了自己的每一分心力。这足以让它看到这场悲剧转变为胜利，但它的英雄精神随后就以规章的名义被推到了一边。我们喵星人是不会回应规则的，这点你肯定懂。我们只会回应那种由爱结成的纽带关系，若是明白了这一点，你或许就能找到击溃西蒙的真正伤痛了。它连心都交出去了，现在这颗心怎么可能不碎呢？

不过即便身死魂归，它的故事也尚未结束。猫死不能复生，但现在我们要回过头来说说那些水手。在西蒙这件事上，他们还没发话呢，这些战友决定给它作最后的告别。在它离开这个世界之时不能不表达他们对它的敬意，他们提议从紫石英号的甲板上扯几根木条来做它的墓碑——毕竟他们认定了西蒙就是这艘船的灵魂，所以把它埋葬在船体部件之下也是理所当然。在约定的日子，它的战友们长途跋涉，赶到了伦敦东郊的一个小型宠物公墓，以军葬礼安葬了他们这个披盖着米字旗的忠实朋友。毫无疑问，这是违反规章的，但他们坚决认为规章在此时不该掩盖事实：这座坟墓埋葬的不仅是一个猫咪伙伴，也是英国皇家海军的一名不逊于任何同僚的优秀水手。

西蒙去世后，船员们还做了一件事。他们当然知道它是永远无法取代的，但还是觉得欠它太多，为了纪念它，他们决定紫石英号以后也必须带着一只猫航行。所以他们又找来了一只好猫——一只热爱冒险、坚强而聪明、好奇而忠诚的猫。但他们还得给它起个名字，这就让人左右为难了。名字是个大事。他们必须想出一个能代表航海猫的最优秀品质的名字，一个能表现荣誉、决心和勇气的名字，它必须是一个能指代伟大的符号，最重要的是要向传统致敬。好吧，如果必须符合所有这些标准，我估计也只有一个选择了……所以他们给它起的名字就是西蒙二世。

没关系，朋友们，西蒙不会介意的。航海猫非常清楚，海洋的法则要求船只无论如何都要继续航行，而船员们要确保在重新出海之时还将它牢记于心，这就是对它最大的恭维。但这个传统只持续了很短一段时间，因为西蒙的英勇奉献已是一个时代接近尾声时的高潮。到了 20 世纪 70 年代，猫就被世界各地的船只给大批地赶下去了。当时跨洋船只的建造材料都变成了钢铁，而不再是易朽的木材，同时人们也开发出了现代的害虫防治方法来对付啮齿动物。在现代社会，谁的船上还需要猫呢？嗯，我估摸着好几代海员都会有好多话来回应，不过最后一粒沙终归要落进沙漏，他们的声音也不会有人听到了。

西蒙坟墓上的木碑那时也已为时间侵蚀。但它的船员兄弟们并没有忘记它，他们用石碑取而代之，又把当初的碑文刻在了这块石碑之上，让它能永世长存。虽然铭刻的只是一只猫的名字，但对我们来说，这也是对它之前所有猫咪先辈的纪念，纪念那些猫咪冒险家、水手、淘气包和捣蛋鬼，它们曾逃离压迫，英勇无畏地与人类共事——我已经给你讲过一些它们的故事了，但也有很多很多故事都被遗忘了，只有那带我们回埠的海浪还涛声依旧。

是的，朋友们，我们已经离开陆地很长一段时间了，现在必须从那些纵帆船和三桅帆船上下来才能继续我们的旅程。到西蒙去世时，很多事情都变了。我们喵星人再次成为人类的宠儿，所

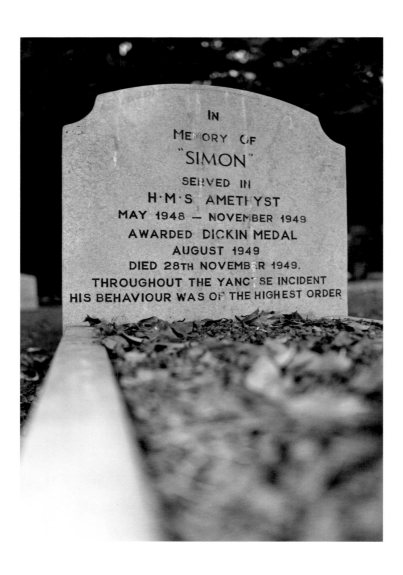

IN
MEMORY OF
"SIMON"
SERVED IN
H·M·S AMETHYST
MAY 1948 — NOVEMBER 1949
AWARDED DICKIN MEDAL
AUGUST 1949
DIED 28TH NOVEMBER 1949.
THROUGHOUT THE YANGTSE INCIDENT
HIS BEHAVIOUR WAS OF THE HIGHEST ORDER

以我们当然要好好叙叙旧了。但这一变化可来之不易，在我们重回历史风口之时，请把舱门封好，因为我们即将踏上 17 世纪的陆地，历史的狂风仍在呼啸。上岸时要低头，因为据说那时还有枪炮在开火。一场不啻于猫咪救赎战的战斗正在进行！

甲板上的小猫：美国军舰纳汉特号（USS *Nahant*）是一艘 200 英尺（约 61 米）长的装甲炮艇，配有 15 英寸（约 38 厘米）和 11 英寸（约 28 厘米）口径的火炮，以及 75 人……和 2 只猫组成的船员队伍！……照片摄于美西战争（Spanish-American War）[1] 期间。

---

1 1898 年美国为争夺西班牙在美洲和亚洲的殖民地而发动的战争。

到了 20 世纪 20 年代，公众们都在歌颂数个世纪以来我们在船上发挥的作用。这篇刊登在 1928 年 10 月 14 日的《纽约时报杂志》（*New York Times Magazine*）上的专题报道讲述了航海猫的历史，并附了插图。人类可能脑子有些迟钝，但你们最终醒过味儿来了！

SAY BLACK CATS SAVED SHIP

Sailors on Fruit Steamer Declare Four Carry It Through Storms.

BOSTON, Dec. 1 (AP).—Four of the blackest cats that ever graced the heaving decks of a steamer went to sea today with the United Fruit steamer San Pablo, for the superstition associating black cats and bad luck means nothing to the crew.

The cats are mascots, and the crew points to the vessel's escape from the Miami hurricane as significant. When it seemed that the vessel was doomed to be dashed ashore in the hurricane the cats were aboard and the vessel escaped.

The cats were aboard when water spouts were encountered off Florida. Again the ship rode safely through. The cats were aboard when the ship passed through the Havana hurricane unscathed.

几个世纪的迫害到此为止。1926年12月，各家新闻通讯社报道了这则新闻，美国报刊向全世界告知，尽管有些迷信延续了几个世纪，但波士顿一艘汽轮上的船员发现黑猫会带来好运——他们拒绝在没有黑猫的情况下出海！

我告诉过你，任何称职的水手都不会不带猫就出海。在紧要关头，伍德菲尔德号（*Woodfield*）货轮的船长准备从纽约出发到太平洋进行为期一年的航行时，就设法在《纽约时报》（*New York Times*）上刊登了这份布告[1]。

---

1 布告内容为海船船长欲雇猫作环球旅行。

SUNDAY, OCTOBER 1, 1922.

Captain Seeks a Sea-Going Ship's Cat To Sign On for a Trip Around the World

Captain Edwin Dyason, master of the freighter Woodfield, will welcome any ablebodied seafaring cat wishing to join the crew of his vessel, sailing today for Manila and China.

"We missed the ship's cat shortly after we put into port here," said the captain as he entertained a few friends aboard on the eve of a voyage which will take him almost around the world.

"Her name was Cleopatra. She joined on at Fremantle, Australia, and did one voyage with us. Now she has left us 'flat.'

One of the party offered to give the captain a fine Angora kitten, but he refused the gift with thanks, saying:

"It would be useless to try to keep it on board. Only seagoing cats are any use on a vessel.

"Joking aside, sea cats are a race in themselves. Why, a land-lubber cat wouldn't know how to take care of itself in rough sea. But a sailor cat knows just what pile of ropes to hide under. It stays there and waits for fair weather before it reappears to demand rations.

"No, the seafaring cat is no joke. What is more, plenty of them have never been on shore at all. They are born at sea, live on ships and when they die they go down to Davy Jones's locker. Almost every time we start on a voyage we find one or more strange cats on board. They often change ships, but seldom give up the sea for the land. In-

deed, I never heard of a sailor cat doing so.

"I know where the term 'jealous cat' originated. I once had a cat—my favorite of all—named Margaret. She became so attached to me that she wouldn't allow the other cats aboard to go into my cabin. She was even jealous of her own kittens.

"Sometimes when several cats are aboard they take possession of the ship between them, and will not allow others within their particular precincts. One old boy we had kept every cat aft but himself, and proud he was of his power to do so. No, sir, ships' cats and the ordinary domestic variety appear to be two distinct species.

"I'll lay a wager we have a cat to replace the capricious Cleopatra before we leave the dock. What is more, the newcomer will undoubtedly bob up serenely of her own free will, having decided in her clever feline brain that she would like to join us for the voyage."

For twenty-seven years Captain Dyason has been a ship's master. His only other hobby is music, which he indulges by means of a specially seaworthy phonograph and cabinet containing a thousand records. During the war he was master of the Welsbach Hall, which was torpedoed in the Mediterranean, sinking within five minutes, with the loss of four men. The Woodfield's voyage will last almost a year.

1937 年 6 月 27 日，美国报纸颇受欢迎的周日增刊《青春游行》（Parade of Youth）刊登了这样一篇报道，记录了一只船猫为找到船员所行经的最长旅程：小猫特里克茜（Trixie）在悉尼附近错过了这艘船，但在近 1.1 万英里外的伦敦赶上了它。

BIGGEST FELINE newsmaker was Trixie, born an alley cat but bred to the sea. When the steamship Stuart Star docked at London the other day the crew was mourning the loss of Trixie, their mascot. Somehow Trixie had missed the ship when it sailed from Cukatoo Island, near Sydney, Australia—more than 11,000 miles from London.

But they didn't mourn long. The crew just started ashore when Trixie showed up! Finding the Stuart Star had sailed without her, she had "stowed away" on another London-bound vessel. The matter of searching the London waterfront for her own ship was then simple.

FOLLOWED SHIP'S CAT: SAVED THEIR LIVES.

GRANGEMOUTH, Firth of Forth, Scotland.—Nine men of the crew of the American cargo steamer Lake Eliko, were saved from drowning recently by the instincts of the ship's cat to swim toward the steamer in a storm and darkness when their small boat floundered. John Shrotne, 33, a sailor, of Marlboro, Mass., and Gilmer Stroud, 17, mess-room boy, of North Carolina, were drowned. The members of the crew had been ashore on leave. They had with them the ship's cat. A storm began and before reaching the steamer, their boat capsized. In the darkness no one could make out the lights of the ship. Tabby, however, with her instictive desire to get out of the water as quickly as possible, swam directly toward the steamer. The men swam after her and nine of them reached the ship. The other two went down.

1920 年，小猫斑斑拯救了埃利科湖号货轮的船员，让他们免于溺水，因而成为了英雄。他们的船在苏格兰沉没了，但这个故事传遍了全球——这份新闻剪报刊出自 3 月 17 日的《共和晨报》（Morning Republican），这是五千英里外的加利福尼亚州夫勒斯诺（Fresno）的一家报纸。

我不认为国家太空研究中心（Centre National d'Études Spatiales）设计的这个载体会让猫觉得舒服，但这个装置能在费莉切特飞向群星时保障它的安全。这只巴黎小巷里的猫是 1963 年的一位明星。这份剪报出自《费城询问报》（*Philadelphia Inquirer*），照片由《匹兹堡新闻》（*Pittsburgh Press*）提供。

A MEDAL FOR SIMON

LONDON, Aug. 4 (A.A.P.). —Simon, the cat aboard H.M.S. Amethyst, who received shrapnel wounds during the ship's exploits on the Yangtse River, will be awarded the "animal's V.C." — the Dickin Medal.

Fifty-three dogs, horses, and pigeons have the medal, but Simon will be the first cat to receive it.

Simon—the Cat—Not Forgotten

IN A LONDON ANIMAL CEMETERY, two youngsters read the inscription on a new tombstone erected o the grave of Simon, the cat, mascot of H.M.S. Amethyst, British vessel involved in the Yangtse River incident last year. As a result of his behavior during the shelling of the ship, Simon was awarded the Dickin Medal and the Victoria Cross for animals. The youngsters are Donald and Stephanie Jones, 5-year-old children of an employe of the cemetery.

这组新闻剪报报道了西蒙的英勇事迹……以及它悲剧性的死亡。但我最喜欢的还是小猫洛蒂（Lottie）的粉丝来信。人类的赞誉是很值得重视，但还有什么赞誉比拥有自己的猫咪粉丝更高呢？

Letter to a Hero

Following is a letter from Lottie the cat to Simon, hero cat of HMS Amethyst, wounded by shell splinters and awarded the Dickin Medal for catching rats under fire:

Dear Simon:—

I hope you won't think it too terrible of me to write to a perfect stranger, but I was so thrilled by your exploit that I felt I must.

Of course, we don't have rats in our house, so I have never seen one and feel sure I would be terrified if I did.

The cats I know often boast about the rats they have caught.

Some of the older ones talk of practically nothing else, the rats getting bigger every time they tell the story.

But although we live by the sea I don't know one who has ever been inside a boat, so you can imagine I was pop-eyed when I heard about you in that warship, wounded and carrying on as if nothing had happened.

Are you wearing a bandage round your head? I would like to think of you wearing a bandage, as I think they're so becoming.

Before going any further perhaps I ought to tell you something about myself.

I am a tabby, 2½ years old, with white chest and paws, large eyes, and have heard myself described by passing cats as a smasher.

My American boy friend, Manhattan Mouser, has described my figure as a "swell chassis," and calls me his "Sugar Puss."

He says I am the only she-cat he knows who sways her hips when she walks, and that I could knock all the cats on Broadway for a row of sardine cans.

Although we are friends, he is not my steady, as he is rather old for me, though full of life and always ready to "go places,"

But even if an older cat has poise and knows his way around, and is inclined to spoil a girl, I always think of him as a sugar daddy rather than a boy friend, and one always has to consider the future when they get quite old and you are still attractive.

I expect you'll think I'm awful telling you all this, but I've always wanted to meet a sailor cat, especially navy types.

They must be so interesting and refreshing after all the dull cats you meet who never go anywhere but on the same old tiles and up and down the same old alley.

never go anywhere but on the same old tiles and up and down the same old alley.

I think of you as young, gay, and, of course, gallant, and would love to have a photograph of you.

When you get leave in England do pop in and see us. My people are awfully reasonable about callers and the butcher's awfully generous about lights. Don't forget now.

Your sincere admirer,
LOTTIE GUBBINS.

救赎

一启蒙运动与现代猫咪的崛起一

Redemption

回到陆地上，数个世纪的迫害把我们打倒了，但我们并未出局。欧洲的猫咪经受了不可估量的伤亡，但有一点是清楚的：猫永远不会放弃希望。我们这些怀着坚定决心的幸存者在 17 世纪初又艰难地赢得了人心。可别误会了，我们的崛起既不会一蹴而就，也不是唾手可得的，但我们已经承受了人类所能施加的最恐怖的打击，而且为即将到来的战斗做好了准备。我们的盟友和对手都在加固城垛，前线在法国，战壕则在巴黎的各家沙龙，而这些沙龙随后便决定了整个欧洲的品味。混乱即将出现，不过在你们所谓启蒙运动时代，有远见的人会出来力挺猫咪，反对古老的迷信。长久以来都在针对我们的潮流将会逆转，当这潮水涌来之时，被偷走的爱也将随之回归。

　　在 17 世纪 20 年代，我们找到了一个关键盟友，一个对我们掏心掏肺的公众人物，而且他对此一向无悔。当然，一直就有些特立独行的人会收养猫咪，其中不乏名人，但即便是这样，人们也会很轻易地把他们的感情斥为怪癖，从而限制了我们这些支持者的影响力。不过这次不同了，我们获得了一个不可忽视的皈依者，他站在权力的顶峰，向整片大陆施加着自己的影响。此人便是枢机主教黎塞留（Richelieu），作为路易十三（Louis XIII）的首相、法国欧陆霸权的缔造者，他对猫情有独钟。

黎塞留声名狼藉，以铁腕统治著称，他无情地玩弄各国，把他们当成棋盘上的棋子，欧洲的王室都对他畏惧有加。国家首脑们甚至害怕说出他的名字，提到他时只敢称"红衣主教"。但他的猫是怎么看他的呢？不过是人当中最温柔的那个。他喜欢看我们玩耍，这种简单的快乐就是他最大的消遣。他只要一醒，仆人就会把猫放到他床上，而他便开始沉迷其中。他整天都不离我们左右，身边随时都会有至少十几只猫。"戴着主教冠的法国僭主，"他的一位年谱作者评论道，"只有在那些喵喵叫的物种旁边，他才能展现出一颗人心。"不过坦率地说，除了我们之外，他对其他人确实是没有多少爱心：大家都知道他会一边关爱地抚摸一只满足的猫，一边签署死刑执行令。啊，形势逆转了，人类都吓得哆嗦起来啦！

朝臣们都被这位枢机主教对猫的偏爱给吓坏了，国外的达官贵人们也是一样，但他们连低声抗议都不敢，因为这个人控制着法国国王。他在巴黎西南部的自家城堡里建了一座猫舍，还配了两名监管员，他们每天要给其中的居民投喂两次，饭菜是优质的白鸡胸肉做成的精致肉酱。黎塞留于 1642 年去世，欧洲的国王们都在为这个敌人的死亡而庆贺，欧洲的猫咪们却在为这个朋友的逝去而哀悼——这个朋友实在是真心实意，他留下了一笔遗赠，以确保陪伴他的14只猫都能得到保护和喂养。

　　但是这位枢机主教还留下了一笔遗产，从而让所有喵星人都能从中受益。他把我们介绍给了法国顶级圈子的成员，于是这个国家的精英阶层里又有其他人开始力挺我们了。讨厌的路易十四可能是在沙滩广场扔出了火把，点燃了我们，但即使他的裁决也无力阻止猫在宫廷贵妇中掀起的新时尚。她们抛弃了传统的哈巴狗，转而把猫当成了有教养的同伴，哪怕在路易十四最亲密的圈子里也是如此。他的兄弟奥尔良公爵菲利普一世（Philippe I）的妻子伊丽莎白·夏洛特公主（Elizabeth Charlotte）就宣布，"猫是世上最迷人的动物"，而他豢养的宫廷诗人安托瓦内特·德祖利埃（Antoinette Deshoulières）则以她最喜欢的小猫格里塞特（Grisette）的名义给自己的人类朋友写过书信。曼恩公爵夫人（Duchess of Maine）的那只出类拔萃的小猫去世后，墓志铭都是由路易十四年轻时的私人教师弗朗索瓦·德·拉莫特·勒瓦耶（François de La Mothe Le Vayer）执笔撰写的。这可不是什么卑微的悼词，它向古埃及人发出召唤，想让他们知道公爵夫人的猫和他们的猫一样配享神性。

　　与此同时，这个世纪最著名的竖琴演奏家迪皮伊小姐（Mademoiselle Dupuy）也认为她的音乐造诣要归功于一只耳朵极

其灵敏的猫。这猫就是个热心又严厉的鉴赏家，它会蹲在她脚旁，她弹得好的时候，它会作出愉快的反应；她弹得不好的时候，它就格外恼火，其结果就是逼着她不断地提高技艺。在她亡故之后，人们发现这只猫和她收养的另一只猫继承了她的两处房产，以及足够维持它们生计的钱款。她那些贪婪的家人对她的遗愿提出了异议——我得说，这不是一场公平的比赛，因为猫在 17 世纪的法庭上根本没有赢的机会。即便如此，我们的时代显然也要到来了。微光正在穿透乌云，虽然迪皮伊小姐的猫在这场遗产争夺战中落败了，但很快还会有更多的战斗展开。

是的，朋友们，法国已经为一场精彩的老派猫咪战争做好了

准备，第一次重要的小规模战斗发生在 17 世纪 20 年代。那时我们在文人当中也找到了一个重要的盟友，一个真正支持我们的人。当然，已经有很多作家表达过对猫伴儿的喜爱了，但这次不同。此人名叫弗朗索瓦-奥古斯丁·德·蒙克里夫（François-Augustin de Moncrif），他是一位备受尊敬的历史学家，曾被任命为国王路易十五（King Louis XV）的史官。这个杰出的书吏决定向世人昭示我们的品格，他把自己高超的写作技艺都投入到了史上第一部专门以猫为主题的巨著之中！他出版于 1727 年的《猫史》（*Histoire des chats*）是一本关于我们的故事、书信和诗歌的合集。这本书顺理成章地得到了巴黎蓬勃壮大的爱猫者社群的称颂，哎呀，我多想高兴地告诉你，这本书也得到了大多数公众的掌声和赞许。

但我做不到。因为这不是事实，还差得远呢。

蒙克里夫的书展现了一种大胆的姿态，是为维护我们的声誉而发起的一次公开的轰击，我们的对手很快地进行了尖刻的还击，这是作者万万没有预料到的。他被冠上了"猫爪史官"（L'historiogriffe）的绰号，甚至在街上也遭人嘲笑，人们会追着他喵喵叫。他率先代表我们向公众发言，结果却成了个笑柄。舆论的投石和箭矢无疑很有杀伤力，但贬损蒙克里夫的人才真是该死，因为他的作品是有价值的，没有被那套过时的宣传所动摇的人都清楚这点。哎呀，享有盛誉的法兰西学术院（Académie française）也对他表示认同，甚至还把他吸纳为院士了。

想想看，欧陆最神圣的文学机构给了一位猫咪学者应得的尊重！真是这样吗？毕竟蒙克里夫写过关于猫的书，还惹来了人们的哄笑，而他的就职演说也被人操弄成了一场最残酷的恶作剧。在他登台之时，诋毁他的人把一群惊恐的流浪猫扔进了大厅，让它们在礼堂里疯狂地窜行。这些无家可归的猫都是从巴黎的街巷里抓来的，有的喵喵叫着，有的发出嘶嘶声，惹得观众们哄堂大笑，蒙克里夫这辈子最重大的一件事也就此变成了一个笑料。人类真的对同类都能这么坏啊，而且由于这些惊恐的小猫把巴黎最维护它们的人都搅得下不来台，这个笑话无疑也变得更好笑了。

可怜又高尚的蒙克里夫啊。他缺乏那种在你们人类看来不可或缺的社会影响力。没有这种影响力，他就躲不开我们那些敌人的攻击。但他们胜利的荣光也没有维持多久。另一个猫咪支持者很快就出现了，这人可以挥舞猫咪解放的旗帜，而且经受得住打击，所以能把它挥舞得更高。如果影响力是必需的，那么她的影响力绝不会小于法国的任何一个人。此人名叫玛丽·莱什琴斯卡（Marie Leszczyńska），是波兰国王斯坦尼斯瓦夫一世（Stanislaw I）的女儿，她的手让欧洲人垂涎欲滴，1725 年，她把自己的手交托给法王路易十五，就此成为法国王后。这位新王后大方、虔敬、优雅又有教养……而且爱猫爱得神魂颠倒。

"猫是疏远的、谨慎的、干净无瑕的，也能保持沉默。除了这些，一个好伙伴还需要什么呢？"她解释道，唯恐别人把她的态度看成是罪过，所以他们肯定不敢多嘴，她把国王也转变成爱猫者之后就更是如此了。是的，朋友们，国王在凡尔赛宫的花园里安置了一些公猫，而且还喜欢上了其中一只，甚至容许它待在王宫里。我们得到王室的保护啦！

想象一下这个场景吧：王后的一只小猫躺在某位公爵夫人的斗篷上休息，这衣裳是用最好的丝绸和最贵的皮毛制成的，结果

上面沾满了猫毛。更糟的是，猫用爪子把它抓破了。哎哟，公爵夫人可气坏了！她直接跑到王后跟前，想讨个公道。但玛丽转过身来，用王族那无数个世纪以来的冷酷而犀利的眼神凝视着她，然后轻蔑地告诉这位公爵夫人，如果她真爱自己的斗篷，那就应该循规蹈矩，把它交给贴身仆人看管。至于猫，夫人，它没有任何过错，它只是在行使猫的特权！

玛丽的影响力遍及整个宫廷，贵妇们都以她为榜样，竞相养猫，表现自己对猫的关爱。杜·德芳侯爵夫人（Marquise du Deffand）曾以艺术赞助人的身份而闻名，资助过那个时代最杰出的作家，她就把不少精致的丝带和香水挥霍在了猫的身上，甚至任由它们随意踩踏她闺房里昂贵的床单。同一时期，爱尔维修夫人（Madame Helvétius）[1]也把她的猫儿们装扮得和贵妇们一样漂亮。她的沙龙在巴黎最为知名，也是启蒙运动中那些主要人物聚会的地方，客人们唯一的抱怨就是这儿的猫多得让他们经常找不着座！还有很多爱猫者都是这样，有些会打造勋章来纪念我们，有些则会在我们离世时建造坟墓。

　　不过也别以为我们只受女士青睐。最伟大的哲学家卢梭就曾推测，对猫的仇恨的动机源于一种专制的本能，有些人就不幸地带有这种本能。他解释说，这些人对我们拒不为奴的态度心怀妒忌，所以不喜欢猫就是一种性格缺陷的明显标志（我得说这个理论很有道理！）。与此同时，皇家天文学家约瑟夫·杰罗姆·德·拉朗德（Joseph Jérôme de Lalande）就向天空发出过我们的信息。由于除了狮子座之外没有猫的星座，他决心纠正这个令人难堪的疏忽。拉朗德开始绘制一部多卷本的天文图谱，他把自

1　爱尔维修夫人（1722—1800）是法国哲学家克洛德·阿德里安·爱尔维修（Claude Adrien Helvétius，1715—1771）的妻子，曾在18世纪的法国经营着一家名流汇聚的沙龙。

己观测到的数百颗恒星都添入了星盘之上，同时还决定在天空中已有的 33 只动物之外再增加一只，觉得这样才叫合理。一只家猫就这么被放进了星图，蹲伏于长蛇座附近。它叫什么呢？啊，再合适不过了：利比亚猫！

有法国人打头阵，欧洲大陆的其他国家也开始对我们另眼相看。普鲁士国王腓特烈大帝（Frederick the Great）是 18 世纪最伟大的征服者，但他不同于之前那些率兵打仗的暴君。他支持启蒙运动，接受过法国导师们的教诲，和这些导师一样爱猫。他的部队在欧洲各地进军时都会从新拿下的城镇征收猫税。腓特烈对我们的价值了如指掌，他要求当地人交出足够数量的猫，以守卫他的军需储备，保护被占领的城镇，使之不受鼠辈们的侵扰。

英格兰人也同样回应了猫咪的呼唤，尽管他们会尽量避免用法式风格来作秀。伦敦圣公会的执事长约翰·乔恩廷（John Jorntin）在失去心爱的伙伴费利克斯（Felix）后写了一篇感人的墓志铭——但他是用拉丁文写的，这样就不会被指斥为"感情过度"了。感情不能外露，你懂吧？但即便是这个时代的英格兰，也有一些人不避讳他们对猫的喜爱，其中最大牌的就是著名文学家塞缪尔·约翰逊（Samuel Johnson）博士[1]，他曾经公开地表达过自己对一

1　塞缪尔·约翰逊（1709—1784），英国作家、文学评论家和诗人，牛津大学荣誉博士。

只叫霍吉（Hodge）的小猫的爱慕，由此引发了轰动。一个失望的传记作家强忍着厌恶讲到了他的喜好，说这位伟人把业余时间都用来和这只小兽玩耍了，就像对待一个宠爱的孩子一样爱护它。

约翰逊对这个小伙伴的全心奉献通过一件事就能体现出来：晚年时，霍吉开始出现衰老迹象，他便下令给这只猫喂食一种特殊的牡蛎，而且只喂最贵的。当然，要保证牡蛎新鲜就必须每天跑一趟鱼市，但约翰逊担心给仆人们分派这个差事可能会使得他们迁怒于霍吉，所以为了保护心爱的小猫，这个一家之主每天都要自己跋涉一番，回来后亲手给小猫喂食牡蛎。这是英格兰最娇生惯养的猫吗？你要是有机会来伦敦，那可以去约翰逊博士的故居看看，然后自己判断。这房子已经被当成历史地标保存下来了，你瞧瞧，前头还有座雕像呢。不是，不是约翰逊，笨蛋，那是霍吉！

如果这一切听着都来得太快、太容易，那你得知道，我们的敌人可没有放弃这片战场。他们正在巴黎策划反击，如果不是他们太过阴险的话，我们甚至有可能会不由自主地钦佩这高超的一击呢。为了挫败我们的攻势，他们在我们的道路上安排了一个出人意料的新对手：狗！请相信我现在告诉你的就是事实，因为狗和我们之间的竞争并不是大自然的发明。我们喵星人和汪星人并不是天生就会争斗的，我们很清楚它们这个物种也有很多可敬的品质。如果你怀疑我的话，想想你们人类的无数个家庭吧，我们都能和谐地在一起生活。

可那些抵制我们的人已经意识到我们的崛起是没法用任何公平的手段来阻止了，尤其是在我们被欧洲的一些最杰出的人物接受之后。如果我们的地位继续提升，那用不了多久就会侵入中产之家，如果这种情况发生……好吧，这对反对派来说就是个过时不候的机会啦！贬损我们的人拼命想击垮我们，于是便在猫犬之间策动了一场针锋相对的竞争。由于人类和狗之间的纽带根深蒂固，而且在我们遭受迫害的几个世纪里得以蓬勃发展，他们坚信我们不可能赢得这场比赛。

我们被一场宣传战打得措手不及，而这场战役的目的就是想表明狗和猫在各个层面上都截然相反，或者说狗在一切方面都比我们高明。他们说狗是忠诚的，猫是不忠的。它们专心，我们任性。狗？英勇有雄心！猫？懦弱又懒惰！每个回合都是这样，狗拥有一切良好可取的品质，猫永远都是反例。我这可不是阴谋论，朋友们。这一套不义之辞的始作俑者其实相当有名，他是个兼职的博物学家，全职的厌猫者，名叫乔治-路易斯·勒克莱尔（Georges-Louis Leclerc），史称小丑伯爵（le comte de Buffoon）[1]。

啊，等等……我是不是打错了？抱歉，他的头衔看来应该是布封伯爵（le comte de Buffon）[2]。好了，不要紧。不管我们怎么

1　"Buffoon"意为小丑。

2　即乔治-路易·勒克莱尔，法国博物学家，数学家，宇宙学家。

称呼他，他从 1749 年开始分卷出版的那部《自然史》（*Histoire naturelle*）都为猫狗行为的两极对立打下了基础，继而成为我们对手的福音书，也由此铸成了令人遗憾的刻板印象，至今仍被那些被误导的人传颂不休。谈到狗的品性，他会精心地把它们改扮得好似拥有"一切引人瞩目的内在优点"。它们是无私的，会无条件地献出自己的爱。它们孜孜不倦地等候指令，而且坚定不移地执行，最大的愿望就是取悦"主人"，满足主人的心愿。他还说它们在主人生气的时候也很乐于受虐。是的，最后这句你没看错……我可不想当这个小丑的狗！

狗的对立面就是可恨的猫了，一切可以想象的恶习都归到了我们身上。小丑解释说，和狗付出的爱不同，狡猾的猫不会屈尊付出"任何无条件的感情，除非对自己有利，否则它们不会和人打交道"。与敏锐的犬类智力形成鲜明对比的是，我们喵星人完全没法接受教化。狗被视为最值得信赖的物种，而"猫的性格是最难以捉摸也是最可疑的"。但我们的这些缺陷都是天生的，小丑接着说道，因为我们生来就带有一种"先天的恶意"。人们只要注视着我们的眼睛就能看出这些，因为狗会直视人类，而我们喵星人却永远不会看人的脸，哪怕是对我们最好的恩主也不行——这就是为了掩盖我们的意图，他警告道。

诽谤如雨点般落下，狗与猫相对，善与恶相对。啧啧，小丑竟然连我们捕猎的手法都要反对！狗会"恰当地追逐"猎物（笔直地往前冲，像傻子一样狂吠），而猫就很奸诈，我们会"埋伏等待，然后出其不意地攻击"。潜行捕猎？噢，我们可真是胆大包天啊！太可惜了，这位小丑没机会在文明初现曙光之时训练出成群结队的狗，以坦诚的方式在你们的田地里搜寻啮齿动物。当然了，你们的庄稼肯定会被啃光，你们也还会住在棚舍里，穿着熊皮大衣，但至少保全了道德准则。

其他的厌猫者自然很快就把这种谬论鹦鹉学舌般地传遍了整个欧陆。但这是个新时代，那些爱我们的人也都在以严词回击。就在这场猫咪救赎战仍悬而未决的情况下，灾难不期而至。另一场战争爆发了，和猫无关，这完全是人类之间的战争。法国陡然陷入了一片战火——跟自己开战啦！哪怕已经看人类做了那么多荒唐事，我们也没见过什么事能荒唐到这个地步。我们惊恐地看着法国人以法国的名义杀害法国人，君主制被推翻了，王室成员也被砍了脑袋。

事情到了这个地步都还没完，那真是枪声不止，图穷匕见，好多人都拿着滴血的刺刀在街上乱跑。这虽是人类之间的战争，但也别以为动物们就没有遭殃，有不少动物也在火焰、匮乏和混乱中丧生了，此时法国人所说的大革命无疑已经演变成了他们口中的"恐怖"革命。我们喵星人几乎失去了自己所获得的一切，只能退回到偏僻的地下室和巷子里，躲在废墟之中。可怜的法国血流不止，直到无血可流，这一切结束时，我们仍在躲藏，因为权柄已经落入了一个大坏人的手里。他的双手并不满足于扼杀区区一个法国，还很快就勒住了整个欧洲的脖子。拿破仑·波拿巴这个臭名昭著的小个子正是这双手的主人，他满口谎言，假装贵族，隐瞒出身，掩盖图谋。但在一件事上，这个卑鄙的冒牌货是诚实的：他讨厌猫！

拿破仑爱狗，他喜欢它们奴隶般的忠诚，将其视为朝臣们的完美楷模。他说过："有两种忠诚，狗的忠诚和猫的忠诚。"意思是如果有人想给他效劳，那最好不要有"猫"那样的天性。这些话直接就出自小丑的那本书，拿破仑听信了这种毫无根据的宣传，开始在他的新帝国里藐视我们。这会付出什么代价呢？大革命期间的战斗不仅摧毁了灿烂夺目的洛可可宫殿，夷平了周边的居民区，也给那些臭了名的家伙提供了一个完美的温床。没错，巴黎当时到处都是老鼠！而且它们又一次把它们的朋友引来了。瘟疫和疾病开始横行，它们的表亲腺鼠疫也已在阴影中潜伏就绪。

腓特烈大帝和我们结盟真是太明智了。和他比起来，拿破仑怎么样呢？他的顾问解释了一番，说为了法国的最大利益，应该让猫彻底自由地在街上和那些啮齿动物开战，结果他反感至极，要他们去另寻他法！这个皇帝喜欢什么法子呢？他说这是个先进的时代，不必再用那些过时的办法了。捕鼠器怎么样？效率太低，几乎没有效果。毒药呢？啊，那确实有效，虽然在让人得病方面比灭鼠更有效。

在 18 世纪，我们还受到过那些住在豪宅里的贵族的欢迎，而

在 19 世纪初，我们连捕鼠的工作都不能干了。这实在是一股耻辱的逆流，但科学家们很快就站在了我们这边。我说的是真正的科学家，不是文艺复兴时期的江湖郎中。他们恳请皇帝宽恕，但法国确实需要猫。如果拿破仑想运用现代手段，那么冷硬的统计数据显示出了什么呢？据他们分析，一只猫能在一年内消灭 7000 只小鼠或 3600 只大鼠，所以政府此时不仅应该接纳我们，还需要实施猫的繁育计划。

更重要的是，他们认为猫也应该受到任何生灵都理应受到的尊重！先等等……这是啥意思？启蒙运动催生出了一种新的知识分子，他们对人和众生的看法都与众不同。如果新法国要致力实现所有人类都应得的公正和平等权，那么也是时候考虑一下可适用于其他物种的不可剥夺的权利了。这是动物福利运动的开端。笛卡尔受到了狠批，这些革命者宣称他扔出窗外的那只猫是能感觉到疼痛的，这么干是不公正的。更重要的是，它也可以感受到欢乐、悲伤和爱——你得明白这并不会对你的同类造成威胁，这只是在邀请你们和我们发展更亲近的情感关系。这些论点的依据不是情绪，而是伦理：仁慈才是正道，人类最终明白过来了。

人类再也不能容忍猫遭到焚烧、殴打和折磨了。在郊区待了很长一段时间之后，我们甚至成了一群外来的新兴前卫派的香饽饽。大革命褫夺了主导文化的院校的权力，给那些随心所欲地绘画和思考的叛逆者开辟了道路。他们笑对习俗，我行我素，把长期受人嘲弄的猫视为自己的同志。他们默许了所有猫狗对立的争论……然后给出了他们自己的结论，那就是我们才更优越！如果猫是自我主义者，那更好了，我们要的就是知道自己价值的动物！猫很冷淡？随它去呗，懂得良禽择木而栖，这是真聪明！

他们没有止步于此，而是随即就承认了我们所有的"负面"品质，毫不争辩，因为这让他们更加看重我们了。哦，还有猫和女人之间由来已久的那种关联该怎么办？我们转变成女巫魔宠的时候，这种关联可是让我们被千夫所指了呢。好吧，这个状况也逆转了，因为猫和女人的这种关联让那些前卫派的男人简直欲罢不能。居伊·德·莫泊桑就曾写道，猫会像奸诈的女人一样对待男人：它们会在手的抚摸下磨蹭或发出咕噜声，而厌倦时又会抓咬。但这并没有让那些浪漫的心灵感到烦恼；相反，这还挺让人兴奋的。我们的感情似乎总是一时兴起，然后又以同样的速度收回，接受的挑战与拒绝的恐惧之间的两相对照只会增添我们的神秘感。

这种女性比喻甚至延伸到了触觉。与狗相比，我们相当性感迷人，人们用手抚摸我们的皮毛时显然会有一种肉欲之感，我们的新拥趸们一点也不羞于承认这点，而且对这种体验还十分陶醉。撰写了《恶之花》（ *Les fleurs du mal* ）的那位著名作家夏尔·波德莱尔（Charles Baudelaire）就曾把爱抚自己的猫比作他对情妇的渴望。我得承认这是个尴尬的隐喻，但他的意思是，它刺激了大脑中（与性）相仿的一个区域。他甚至把我们比作他的本我，呈现了他头脑中那个充满性欲、无拘无束且像猫一样不受社会压力影响的部分，而他作诗的冲动就是从这儿流淌出来的。他的朋友尚弗勒里（Champfleury）回忆说，波德莱尔有时在巷子里看到一只流浪猫，然后便用一种浪漫的声调说话，这会神奇地把它引向他，即使是最凶猛的野猫也会投诚，扑向他的怀抱，接受亲切的爱抚。

在法国的这场文化革命中，还有很多人也接纳了我们！我们和那种不守成规的生活方式紧密地联系到了一起，选择和我们做伴的法国作家名单相当于一座名副其实的名人堂。维克多·雨果定制了一个高台，还铺上了一块深红色的缎子，这样他的猫夏努安（Chanoine）就可以像登基的女王一样坐在那儿了。奥诺雷·德·巴尔扎克也以热情的笔触写下了他遇到的有趣的猫。与此同时，斯特芳·马拉美（Stéphane Mallarmé）[1] 则养了一只名叫小雪（Neige）的白猫，它会在他写作时跳到桌上，然后在纸页上乱跑，尾巴把诗句都给抹掉了。哎呀，马拉美生气了吗？天哪，没有，事实上他很喜欢这种合作。更不用说爱弥尔·佐拉（Émile Zola）[2]、若利斯-卡尔·于斯曼（Joris-Karl Huysmans）[3] 和无数

1　斯特芳·马拉美（1842—1898），法国象征主义诗人和散文家，代表作有《牧神的午后》等。
2　爱弥尔·左拉（1840—1902），法国自然主义小说家和理论家，自然主义文学流派创始人与领袖。
3　若利斯-卡尔·于斯曼（1843—1907），法国小说家，象征主义的先行者。

其他的人了，这个名单可以一直排到让·谷克多（Jean Cocteau）[1]，他就说过这样的话："我爱猫，因为我爱我家，一点点地，它们变成了这个家的可见的灵魂。"

不过在所有大人物里，我们最出名的支持者还要数泰奥菲尔·戈蒂耶（Théophile Gautier）。作为作家、诗人、画家和评论家，他是那个时代最多才多艺的人之一。但他最伟大的成就完成于1850年，当时他把自己数十年来对猫的敏锐观察写成了一篇散文，文章的标题堪称人类有史以来最精辟的之一：*Conquérir l'amitié d'un chat est chose difficile*，意思是"想赢得猫的友情可不简单"。这位作者虽然也写了一篇论猫的文章，但这次他并没受到嘲笑。相反，他还因为把我们形容为"一种贤明的动物"而成了名人，这话的意思就是"一个思想者的伴侣"。戈蒂耶告诫大家，说我们容忍不了愚蠢，他还向读者们作了一番解释，说猫"不会轻率地付出自己的感情。只有在你值得它付出的时候，它才愿意做你的朋友，它不会做你的奴隶。它会保有自己的自由意志，不会为你做任何在它看来不合理的事"。但那些符合要求的人类就能获得他们在其他动物身上无从想象的回报。听听，听听——终于有人说到点子上啦！

巴黎既先行一步，整个欧陆也开始迎头赶上，毕竟那个时代

1　让·谷克多（1889—1963），法国作家、导演。

的人都是唯法国首都的潮流马首是瞻呢。没过多久，我们就战胜了那些最让我们畏惧的死敌——上帝的信徒们。他们实在太厌恶我们了，以至于在《圣经》里对我们只字未提，整本书里一只猫都没有！但就在此时，一个大胆的人类同胞想出了一个非常之计，把我们安置了进去。一部"遗失的福音书"被人们"发现"了，其中特意表现了基督对猫的怜悯。这部名为《十二圣徒福音》（*The Gospel of the Holy Twelve*）的伪作在那个世纪的最后几十年逐渐流传开来，据说是在西藏一座寺院里找到的，内容是对耶稣生平的杜撰。这份文献讲到了基督降世时有一只猫和猫崽们就卧在他躺的那个马槽之下，而他成年之后又拯救了一只被残忍的人类折磨过的小猫。他还发现过一只流浪猫，于是把它抱在怀里，直到给它找到了一个合适的、充满爱意的家。评注解释了耶稣为什么是个爱猫之人：自从我们受到迫害以来，他认为我们在所有动物里最像基督徒，尽管我们就像上帝所造的任何生灵一样可爱、温柔而优雅。

这个尝试不错，不过《十二圣徒福音》很快就被揭穿了。可到了那时候，虔诚的信徒里还有谁会在乎呢？反正教皇利奥十二世（Pope Leo XII）肯定无所谓，他就在长袍里藏了一只灰色斑猫，名叫米奇托（Micetto），这个名字在意大利语里意为"小猫"。作为一只出生在梵蒂冈的流浪猫，这个小家伙有着异常敏锐的艺术鉴赏力，有一天，它凭着初生牛犊的勇气，悠闲地晃过了梵蒂冈的警卫，只为了一睹伟大的拉斐尔绘制的湿壁画[1]。教皇当时正在同一条凉廊里欣赏着这些画作，它就在那儿邂逅了他。小猫很热爱这位文艺复兴时期的大师，而拉斐尔恰好也是利奥的最爱，双方因此而结缘，没过多久，教皇陛下就对它着了迷。

这两位从此便形影不离，利奥会把米奇托藏在宽大的袖子里四处走动，这样他们就不必分开了。时代变了，如今一只猫就这么安静地躺在教皇怀里，默默地旁听着曾宣扬要加害我们的教会议会。只有梵蒂冈的顶级神职人员知道这个秘密，而了解内情的少数精选出来的人也都把米奇托视为圣物，因为那些希望得到教皇青睐的人也必须喜欢他的最爱。

法国驻梵蒂冈大使弗朗索瓦-勒内·德·夏多布里昂（François-René de Chateaubriand）就是其中之一，利奥临终之时，米奇托就是被他送到了法国。这无疑是一次悲伤的离别，尽管巴黎应有尽有，这只猫还是生闷气了。夏多布里昂很担心可怜的米奇托会怀念它在西斯廷礼拜堂[2]闲逛的年少岁月，哪只文雅的猫会不怀念呢？但利奥的决定无可争议，他保障了这个小伙伴将来的幸福生活，因为看护人可不是他随随便便选出来的：夏多布里昂本身就是我们在法国的一位勇敢的支持者，连他的绰号都是猫（Le Chat）。

---

1 指拉斐尔为梵蒂冈博物馆所作的湿壁画。
2 梵蒂冈官的教皇礼拜堂。

米奇托移居国外之后，意大利人最爱之猫的荣誉就落到了一只名叫米娜（Mina）的乡村小猫身上，虽然社会关系要卑微得多，但它生来就不缺幸福。这是一只灰色的斑猫，有一双明亮的绿眼，它把伦巴第西北部布里安扎的一个小村庄里的虔诚姑娘克莱门蒂娜（Clementina）当成了自己的人类伙伴，和她寸步不离。在地中海温暖的艳阳下，她们一同漫步于村路之上，去村庄小径旁如画的牧场上玩耍，甚至还会并肩吃饭。一首田园诗？实情并不像初看之下这么美好。

克莱门蒂娜患有癫痫，她第一次晕倒的时候，米娜就独自待在她身旁。这只猫不知疲倦地守护着她倒卧的身体。当姑娘醒来之后，她发现那张猫脸就在自己脸部的正上方，正专心地向下凝视。啊，这大概是个新游戏，米娜肯定是这么想的，它满意地咕噜着。但当姑娘最终起身的时候，它的腔调变了，因为她身上正在流血，而且青一块，紫一块。猫注意到了这个人类同伴的伤势，当克莱门蒂娜再次晕倒的时候，米娜就像离弦之箭一样向姑娘的父母奔去，疯狂地喵喵叫着，把他们带到了她躺倒的地方。米娜学得很快，它不久就能觉察她即将发病的微妙征兆了，甚至常常会在克莱门蒂娜自己都还没意识到有什么不对劲的时候就去找人帮忙。还记得人们把猫当成魔鬼的那些日子吗？这确实是个新时代，因为镇上的人都认定这只猫是被派来保护这个小姑娘的守护天使。

不幸的是，克莱门蒂娜很容易生病，即使是猫也没法保护她

了，她在十五岁时就生了一场大病，高烧不退。米娜在她身边守夜，不愿离床半步，但这姑娘随即就神志失常了。她的病情不断恶化，不久就香消玉殒。送葬队伍蜿蜒地穿过村庄时，一只心碎的猫也紧随其后，它在人流中闪避和穿梭着，尽可能地离姑娘近些。在葬礼上，它甚至跳到了克莱门蒂娜的身体上，低头注视着她的脸。你知道吗，大家对这只猫都极为尊重，在场的人全都没有干预，哪怕这个动作在这么一个庄严的场合非常不妥。猫的脑袋瓜里在想些什么呢？唉，米娜，我估计你是觉得只要自己盯得够紧，小姑娘就会像第一次晕倒时那样睁开眼睛吧。

很遗憾，这次没用了，我可怜的小朋友。不可避免的结局还是来了，米娜被人轻轻地抬起，这样克莱门蒂娜才能躺进意大利那柔软肥沃的土壤里，他们不能再做伴了。啊——别那么快！就在掘墓人开始铲土的时候，猫跳进了墓穴。人们怀着郑重的歉意把它抬了出来，又给它解释说，虽然她们俩一起走过了所有的小径，但这最后一条路，姑娘必须独自前行。

米娜被姑娘的父亲抱回了家。可天一亮它就不见了。它的去向倒是不难猜，大家最后在墓地里找到了它，这只猫就蜷缩在姑娘的坟墓上。米娜下定了决心，日复一日地待在那儿，而且拒绝了所有劝它回屋的恳求，即使用美食也收买不了它。没有那个特别的小姑娘，这个家根本引不起它的兴趣。毕竟一个无人可守的守护天使还算是什么呢？打那以后，米娜变得越来越孤僻，人一靠近，它就钻到灌木丛里，直到三个月后，它终于和自己的人类伙伴团聚了：这只伤心的灰色斑猫那时已腐烂不堪、死气沉沉，就此长眠于姑娘的墓旁。

塔兰托大主教朱塞佩·卡佩拉特罗（Giuseppe Capecelatro）是个著名的爱猫人士，也曾编写过一篇有关我们的论文。他向爱尔兰作家摩根夫人（Lady Morgan）讲述了米娜和克莱门蒂娜的故事，她则把这个故事译成了英文。故事在世界各地不断再版，向我们的反对派展现了人猫关系的真相。有一个地方从中吸取了不少教训，那就是英格兰，一个世纪前对我们大胆示爱的叛逆者们播下的种子如今都已开花结果了。英国作家像法国同行们一样成群结队地站到了我们这边，而且他们的名气一样不小。

如果你想听几个名字，那开胃菜就给你来一道"勃朗特三姐妹"如何？还有塞缪尔·巴特勒（Samuel Butler），这是一位伟大的讽刺作家，也翻译过不少古典杰作，他就特别喜欢打打闹闹的街头猫。我们可以大胆地认定《猫头鹰和猫咪》（*The Owl and the Pussycat*）的作者爱德华·利尔（Edward Lear）是个爱猫之人，也可以通过他在意大利圣雷莫建的一栋房子来衡量他的这种信念到底有多深。利尔担心搬家可能会惹恼自己的猫，所以为了尽量减少困扰，他叮嘱建筑师，要把他的新居造得和老屋一模一样。

当然了，当时英国文坛名头最大的还得是查尔斯·狄更斯，我们一样可以把他算作咱的皈依者。他收养了一只叫威廉

（William）的白猫，呃，这只猫……在厨房里生下一窝小猫后就成了威廉米娜（Williamina）。其中有个小家伙尤其霸道，它坚决要在这位作家工作时蜷缩在他的大腿上，要是这个宝宝没有得到它想要的关注，那就会用爪子拍灭桌上的蜡烛，以此来表达它的需求。哼哼，真够皮的！但结果狄更斯更爱它了，因为它用自己的办法打动了这位作家的心，亲友们从此都称它是大师的猫。

但我也不想把事情描绘得太过美好。我们的再度崛起并不是没有阻力的，因为英国人就是一群顽固派，几个世纪以来，他们的感情都慷慨地给予了他们精心培育的汪星人。这种偏见实在是背信弃义，维多利亚女王（Queen Victoria）要求给英国皇家防止虐待动物协会设计一枚徽章，她麾下的艺术家们就呈上了一个样品，上面绘制了各种动物，唯独没有猫！这下可好，他们把女王给惹毛了。维多利亚的一个软肋就是容易被猫打动，而且尤其溺爱一只叫白石南（White Heather）的安哥拉猫（Angora）[1]，所以她不满地退回了样品，还附上了一张简明的便条。女王陛下建议，徽章上必须有猫，以抵制历史上对我们的厌憎，用她的金口玉言来说就是我们受到了"普遍的误解和严酷的虐待"。

天佑女王！可这段插曲也表明还有不少工作要做。哈里森·维尔（Harrison Weir）担下了这项重任，他是一名艺术家和

---

1 源于土耳其的猫咪品种，而安哥拉（Angola）是非洲国家。

书籍插画家，但后来却是以"爱猫之父"而闻名。1871年，他为了提高我们在英国公众中的声望而屈尊组织了一场猫展。事实上，这种展览也不是前所未有的，因为即使在那个黑暗的时代也有人办过。但那些展览本质上都很残酷，更近于某种怪物秀，观众们会轻蔑地观看那些无处可逃的可怜猫咪，旁边还展示着些稀有的兔子和豚鼠品种。但维尔的秀是想展现人们最好的一面，用我们这些美好的动物所构成的景象来打破人们对那段岁月的记忆，而这些动物必定能让人们了解一点，哪怕在最好的家庭里，我们也是配得上一席之地的伴侣。他选的场地环境也非常好。为了举办一场类似于纯种狗展览的猫展，维尔争取到了伦敦最负盛名的场馆之一——水晶宫。先等等——在水晶宫办猫展？对大多数公众来说，这个想法很荒唐！但那个时代的人们并没给猫分类，只是统称为猫而已，因为大家觉得控制我们的繁育并强加标准几乎是不可能的。狄更斯（记住，他是我们的支持者之一）也打趣说过，人类在监管猫咪的性习性方面会像监管蜜蜂的性习性一样成绩平平。

那么，维尔能编造出哪些类别的猫来举办这场正式的展览呢？他尽了全力，依据外表给我们做了区分，参赛者被分入了不同的小组，比如黑白组（以及白黑组；出于展览的需要，他们被当成了不同类别）、斑点组、玳瑁组，甚至——说真的，这个有点无礼了——肥胖组。"很多人都在讥讽、嘲笑和奚落我。"维尔回忆道，没什么奇怪的，因为对大多数人来说，这一切听起来就像个灾难性的配方。

话虽如此，还是有 170 只猫响应了号召，它们的人类同伴都冒着遭人嘲笑的风险带它们报了名。贬损维尔的人都等着看他出洋相——水晶宫为一场大混战提供了光彩夺目的背景场地，愤怒的猫儿们发着嘶嘶声，闹着别扭，左右乱挠，相互追逐。状况晦暗不明，连维尔本人也不是毫无犹疑，他承认自己在去大厅的路上都很紧张。能相信这些猫都会乖乖听话吗？大家来了以后会不会只顾着大笑？如果这次活动失败了，对爱猫事业会造成什么影响？水晶宫的这次活动可不仅是一场展览。这是一次考验，一个公开争取厌猫者的机会，可以证明我们收复的领土都是我们应得的。但这是一场豪赌，一旦输了就有可能引发一场猫咪灾难，从而削弱我们在上个世纪所取得的进步。

7 月 13 日是决定命运的日子，尽管整个伦敦可能都对此疑虑重重，但猫咪们却毫不踌躇。维尔赶到的时候，他所看到的场景甚至超出了他最大的期望：它们都来了，这些毛色各异又满心骄傲的英格兰家猫都经过了梳理和打扮，看起来容光焕发，每只猫跟前都放着一小碗牛奶，大家都安静地坐在垫子上，没有一声抱怨。它们好像都知道这是个悬而未决的关键时刻，所以就那么穿着最华丽的装束坐在那儿，它们不仅是代表它们自己，也代表着等待这个机会的无数代猫。

啊，但可怕的公众会怎么看呢？当门刚打开的时候，不可否认，大多数人都是想来图个新鲜。可一走进大厅，他们的傻笑就止住了，大家在一排排装饰着缎带的猫之间徘徊，他们没有发笑，反而叹为观止。消息传开了，来客越来越多，多到他们必须在人群里挤出一条路才能瞥上猫一眼。最后，大约有二十万人参观了这次展览。

这成了伦敦的热门话题！一次巨大的成功！嘲笑变成了喝彩！

当然，奖也是要颁的，不过整场赛事的奖金总共都不到一百英镑。一只名叫老太太（Old Lady）的十四岁斑猫夺得了总冠军，这大概也不意外，因为它的主人（咳咳）就是维尔本人，而维尔恰好是这次活动的三位评委之一，还有一位是他兄弟。但你问我会嫉妒它的胜利吗？当然不会了。老实告诉你，我们喵星人根本不在乎奖品，维尔应该得奖，这个奖就是为了表彰他为我们付出的努力。此外，真正的奖项也不是这些评委颁发的，而是由整个伦敦来投票决定的：够尊重吧，而且那 170 只猫平分了这个奖项，它们都堪称是最高级别的冠军。

当然了，只靠一场小规模的战斗还没法赢得一场战争，但我们在水晶宫取得的压倒性胜利已使得这个结果成为必然。更多的展会将纷至沓来，维尔说他希望这些展会能给我们带来进一步的正面认可，改善我们在整个社会中的待遇。效果确实达到了，而且不仅仅是在英格兰。两年后，在格拉斯哥就举办了苏格兰的首次猫展。而在 1881 年，布鲁塞尔也呼吁举办欧洲大陆的首场猫展。那时已经有一群雄心勃勃的澳大利亚人在大老远的悉尼办了一场！好吧，他们在澳洲准备得有点仓促，组织者自己也承认这次活动失败了，因为只有 4 只猫受累参会。啊，但这可是一片又大又贫瘠的土地呀，澳大利亚的猫只是还需要一点时间，等着这个消息传开。七年后，有 41 只猫就应邀参加了布里斯班的一场展会，大约有三万人出席，我们就这么在地球的另一边高歌猛进了。

这是个疯狂的时代，虽然新的猫迷们对猫还不太了解，但他们的热情无可厚非。爱尔兰在 1879 年举办了首次猫展，广告承诺要玩些类似于马戏团的把戏：有军乐队、一个冰窟，以及基尔肯尼（Kilkenny）的一只公猫的遗骸，它已经去世好几年了，生前非常强悍。活猫大约有 250 只，据说涵盖了所有已知的种类。包括安哥拉国（Angola）的一只毛茸茸的白猫，我猜应该就是安哥拉猫。实际上，英格兰的一场展会就展出过一只独特的非洲猫。它的名字叫马任加（Majunga），据说生于马达加斯加，是个典型的独特品种，以至于对那些"不熟悉猫咪知识的人来说，它非常像猴子"。这确实是一种非常罕见的猫：组织者不知怎么搞的，把一只狐猴当成了非洲的猫。

到 19 世纪末，欧洲各地都组织起猫咪俱乐部来了，其中有些甚至是国家机构，人们对于发现独特品种猫的新兴趣促使他们区分了安哥拉猫和安哥拉国的猫，并且把世界各地的马任加们都剔除出了猫的队伍。关于我们的书籍也如雨后春笋般涌现，这给新皈依的铲屎官们提供了不少重要信息。"咪咪学"（Pussyology）是最早给猫咪护理科学发明的一个术语。不过出于某些原因，最终尴尬地退了场。这些早期专家的建议真的……用一个现在的词儿来说，就是"扯淡"（poppycock）。有位作者建议每天喂我们两次……好吧，我不想争辩什么，但是……她推荐的饮食是面包牛奶或者燕麦粥。还有些手册企图强逼我们顺从维多利亚时代的社会习俗，以此来解读猫咪的类型差异。有人称赞一只黑白相间的公猫是猫中的绅士，它其实就是那种几乎不会屈尊去捉老鼠的家伙。真是这样？西蒙没听过这个说法，这对紫石英号的船员们来说真是万幸！比较起来，棕色斑猫则相当于是扎实的工人阶级。

嘿，他们说的不就是我这个讲述者嘛！

不过这种评论可能也并不是有意贬低，因为到了19世纪末，我们实际上在整个欧洲都被列入了工资发放名册。这个状况始于1868年的伦敦邮政局。老鼠们一直在和这个汇兑机构打游击战，它们不断地在深夜发起行动，把各种纸张嚼得稀烂。其中有一些印着数字的长方形小纸条，人们把它们称作"钞票"，极为看重，这些纸条的丢失无疑引起了职员们的注意，但大伙儿的每一次动作都被那些家伙识破了——老鼠真是太狡猾了！——他们后来就要求分配一部分资金，好给办公区雇三只小猫。

这是个不同寻常的要求，但邮局干事批准了，因为他们说这三只猫给局里节省的成本会远超它们的花销。受雇于人是个意料

之外的转折，因为猫咪们好像也并没有积极地找工作。但有份工作在人类社会中确实是个重要的认可，所以，即便没有别的什么，这至少进一步证明了我们的名誉正在恢复。另外，考虑到你们长期以来对我们都很恶劣，做些补偿也未尝不合理。但是一只猫的劳动值多少钱呢？就是这个问题让我们第一次了解了平凡世界的现实，这可不是一堂愉快的课。

实际上职员们所申请的报酬并不算是工资，因为这些猫实际上拿不到真正的实得薪水。我倒不觉得这是个不得了的侮辱，因为人类其实是唯一一个热衷于积累通货的物种。相反，所谓"报酬"的这笔钱只是一种手段，以确保它们能得到一般的喂养。说到底，这才是我们真正关心的，而且看起来也是个合理的提议。如果猫是为保障公共福利工作，那它们的需求也应该由公帑给付。汇兑部门要求的金额不多，每周两先令的微薄报酬就足够养活这三只猫。但接下来的事就让我觉得很受侮辱了，因为那个干事以过分为由拒绝了这个要求，金额被砍了一半，每周一先令。换句话说，十二便士。

　　请不要跟我说什么"好了，有通胀因素……"，因为我们说的就是十二便士。一周，三只猫！人类把这个做法叫作"节俭"，还争辩说这是种美德，而我们喵星人只会称之为"廉价"。

　　即使对一只猫来说，这个金额也不够糊口。汇兑部门的好心人都站在我们这边表示了抗议，他们说一先令可能偶尔够给我们买点牛奶，仅此而已。但他们受到了严厉的反驳：不能让这些猫奢侈地吃着由国库买单的大餐，它们得在办公楼里捕食老鼠，从而在消灭啮齿动物的同时为干事节省食物开销。此外，这三只猫的生产力还得在六个月后接受评估，如果它们的工作不尽如人意，那这笔微薄的薪酬还要进一步削减。

　　天哪，想想吧！从史前的田地开始，历经了数千年的演进，

你们就想出了这么个经济体系？我琢磨着这些猫应该会觉得自己很幸运吧，至少还拿到了一先令，这个干事没有为了牟利而把那些老鼠当成邮政资产来收我们的吃鼠费就不错了。但它们的表现会表明这人是个吝啬鬼！它们没有成立工会——集体行动不是猫的路子。相反，它们尽全力把工作做到了最好，打破了老鼠对汇兑部门的压制状态，让人们对它们的真正价值再无疑虑。噢，人们都对它们赞誉有加，它们的主管也表扬这三只猫"对自己的工作表现出了值得称道的热情"。

事实证明它们超出了人们最大的期望，这意味着邮政干事别无选择，只能对它们另眼相看。他也确实被打动了，以至于……扣了它们的工钱？没错，它们的报酬又被减半了，降到了区区六便士。总局作了解释，说这些猫干得太出色了，所以很难想象它们除了汇兑部门密室里散落的一大堆血腥腐臭的老鼠尸体之外还需要什么。

英国邮政机构实在不得人心，但随他们的便吧，因为这三只猫的成就可远比干事那宝贵的先令有价值多了。就在这些埋头苦干的小猫杀死一只又一只老鼠的时候，其他分支部门也开始申请资金来雇用自己的猫咪了。其他的政府部门后来也借鉴了这个办法，他们的招聘广告牌上写着："聘猫，有杀鼠经验者优先。"到了 1883 年，伦敦唐宁街 10 号挂出了一个最出人意料的招聘广告牌。地址听起来是不是有些耳熟？那儿刚好就是大不列颠的首相官邸嘛！嗯，你知道那类政坛硕鼠的古老格言吧？唐宁街 10 号就有不少硕鼠，还有些小鼠，解决的办法是给这个权力中心雇一只猫。当然，待遇依然很差（每天一便士的喂养费），但这份工作是有头衔的。由于事关国家治理，这些事必须做到位，于是内阁首席捕鼠官的职位就此设立了！

一个猫咪工作者的世界正在快速形成，很快我们在整个欧陆都被雇用了。从瑞典到西西里，邮局、仓库乃至证券交易所（啮齿动物们一直在那儿啃噬股价纸带，它们真是什么都吃得进！）都概莫能外。即便是国家安全都得仰仗我们可靠的猫爪，法国军队就给猫拨了一笔预算，用以保护他们的仓库和要塞，噢，拿破仑肯定要气活了。德国人有段时间也这么干过，直到他们的一位科学家想出了个好主意，用一种霍乱病菌来感染并杀死军资供应处的所有老鼠。呃，把霍乱病菌带入食品储存区，不会出什么问题吧？有时老办法真是最好的办法，所以猫咪们很快就回到了自己的岗位上。

我们又干回老本行了，美索不达米亚的田野虽无疑成了遥远的过去，但事实证明，我们的工作效率和几千年前没什么两样：我们的辛勤努力确立了我们的社会地位，让我们融入了充满感激之情的人类的生活。随着我们越来越受欢迎，很多被派往办公室和仓库的猫也不再是劳工而已了。它们往往比人类同事更加出名，并最终成为代表雇佣单位的吉祥物。

曾在大英博物馆工作的黑杰克（Black Jack）是最早获此殊荣的小猫之一。它一开始也是被聘为捕鼠匠，但最后转行担任了巡回亲善大使。参观者们对它格外喜爱，很多人来这儿都是为了一睹它的芳容，世上最好的文物藏品反倒无法引起他们的兴趣。工作人员随时都得做好打开各扇大门的准备，以便让它在博物馆的那些神圣的厅堂和画廊间徜徉。什么？人类现在要为猫服务了？我们可能真要喜欢上这个现代世界啦！

但有一天，好奇心把它引进了图书馆。工作人员偷懒，没负起照看它进出的责任，在场的员工没一个给它开门。发现自己被困在里头之后，它花了一天时间用自己的爪子把书架上的东西试了个遍。它只是想有效地利用时间，可那些老卫道士却突然甩起了臭脸。"瞧瞧它都干了些什么，我们早跟你们说过不要让猫进博物馆！"他们大喊大叫着，还一下子说了好多我们的坏话，坏畜牲、不可信、不忠诚、自私、除了我们自己谁都不关心，黑杰克不就刚刚证明了这些吗？

那种可以宣称这只猫是恶魔然后就把它扔进火堆的日子早就一去不复返了，但他们还可以把它弄到收容所，扔进笼子里——这就是他们的愿望！这栋建筑从此就不见黑杰克的踪影了。它一声不响地走了，爱他的人们都很难过。怎么我们已经走得这么近了却还是会发现自己很容易招来人类的敌意？我们的对手现在关上了各扇大门——真就是这样，因为他们事先发出了警告，说大英博物馆以后不会再放一只猫进来。

然而贬损我们的声音只能回荡于被遗忘的过去，这些大门锁不紧了。黑杰克没有被关进笼子里。它的朋友比敌人要多，大家团结起来给它撑腰，在它受罚之前就把它匆匆带走并藏了起来。时间的流逝足以让人们冷静下来。注定的大日子最终到来了，大门通通敞开，一位工作人员在一旁挥手欢迎。那些扫了一眼的人最初的反应都是觉得奇怪，因为门前啥也没有。那儿好像就是一片空地，根本没有人进去！不过再往下瞧时，他们就看到了。走进出入口的是一个熟悉的身影，这伙计实在不高，肩膀离地大概也就一英尺（约 30 厘米）。

黑杰克回归了，它昂首阔步地向前走去。人们都欣喜万分，它的朋友们也欢呼着围拢过来迎接它——而它的对手们却没法再阻止它了！这只猫将再次在博物馆的那些神圣的厅堂里漫步，分享历史的宝藏。好吧，这很公平，所有人都承认，我们的故事都讲到这儿了，我想你也会承认的。毕竟我们在这个开创历史的过程里也不是没有一爪之功！

是的，我们原本是会喜欢这个现代世界的。随着 19 世纪的逝去，我们漫长的漂泊也走到了尾声。我们再一次站到了你们身边。要是那些只能露宿街头，以残羹剩饭维生的猫咪先辈们能看到如今这些子孙们的生活该多好啊！它们会有多惊奇呢？知道自己奋力的坚持并非徒劳，自己的痛苦现在都得到了补偿，因为新一代的喵星人又重新受到了猫咪崇拜者的欢迎，它们该有多自豪啊。

但是我们的旅程还没有结束呢。我们的最后一次航行即将启程，我还有最后一个故事要讲，其中也一样充满了危险和勇气。这次大冒险，容我斗胆说一句，会是最波澜壮阔的一次。以前还从没有哪只猫能这么坚定地直面未知和荒野的挑战，成功地走出这一新的逆境或许就是我们至高无上的荣耀。所以你若是乐意跟我再走一遭，我就给你讲讲我们美洲本土猫的故事吧。赶紧上船，朋友，带上你需要的一切，因为我们可不会从西海岸回来了！

我们在 19 世纪又回到了人类的怀抱。图为 1890 年左右的一张圣诞贺卡上的猫和女孩儿，由波兰裔印刷商路易·普朗（Louis Prang）设计。在你们把我们当成魔鬼爪牙的时代，我们可不配上圣诞卡呢！

我跟你说过，法国的前卫派接纳了我们：图为 1868 年的一幅名为《猫咪聚会》（*Cat's Rendezvous*）的石版画，呈现了我们在码头上的生活。作者是印象派之父爱德华·马奈（Édouard Manet），人们都认为他打破了阻碍现代艺术的樊篱。他自己也有只燕尾服猫，名叫齐齐（Zizi）。

English Cats on Exhibition.

The English have just made a magnificent cat show. The feline show was a grand success. The number of animals exhibited was one hundred and seventy, and the number of prizes given fifty-four—amounting to about three hundred dollars. The great drawback was the difficulty of seeing the cats, owing to the crowd of visitors. Some were valued as high as five hundred dollars.

A cat show!—how absurd!—what nonsense! has been heard on all sides; but somebody considered that there was as much sense in having a display of "mousers" as in having a bird, dog, horse, or ordinary cattle show. The matter determined, an advertisement and invitations were issued, with offers of money prizes, and after immense difficulty on the part of the managers in getting the cats up to the scratch, this day offered to all comers a very large, varied, and really interesting collection of British and foreign cats, ranged in two rows of cages down that part of the nave known as the Tropical department. There are no less than twenty-five classes, some of which contained many entries.

Among the most interesting are the foreign animals, such as the fine-looking Tom, in one of the cages, a native of Africa, looking, with his tawny coat and well-developed mane, like a degenerate descendant of the lion. Or, again, the sleek, dun-colored cats, with smutty faces, natives of Salem, and the long-haired Persian or Angora cats. In one cage, crouching back with flattened ears and glaring eyes, lay a genuine wild cat, exhibited by the Duke of Sutherland, and close by some peculiar specimens of the Mink cat, a tailless variety, looking as if they were ready, like the fox of the fable, to insist amongst the company assembled that to go tailless was the fashion. The wild cat, whose attention seemed to be divided between the spectators and the birds twittering near at hand, was not the only savage-looking specimen, for many of the animals exhibited were ready to lay back their ears, distend their jaws, glare with dilated eyes, and utter that low feline growl known as "swearing," explaining at once why the attendant busy about the cages had his hands protected by a thick leather glove. Others seemed utterly cowed by the novelty of the scene, and shivered and uttered their "mew," while a far larger proportion lay in ponderous aristocratic state upon their red or blue cushions, far to an excess, necks adorned with collar and padlock, ribbon or bells, and winked and blinked at their visitors; but refusing the caresses and blandishments offered them, and rejecting as well the milk and pieces of raw meat placed for their re-

lection. And no wonder, for there was aldermanic repose written in every line of their sleek, glossy, well-licked forms. Fancy a cat of this kind being expected to eat cold meat, after being used to have the bones picked out of its fish by careful hands, and to take its cutlet or chicken every day at noon! For size there was a cat weighing 21½ pounds, being heavier, we were told, than the great Edinburgh cat that its owners would not send. For beauty, white silky-furred animals, whose skin would make ermine look poor; white, long-haired cats, too, with the most beautiful blue eyes, peculiar from the fact of their being deaf. Tawny cats, with large, flat feet, bearing seven toes in front and six toes behind, instead of the ordinary five. Here was a genuine tortoiseshell Tom, and there a spotless white lady formed a group with her family of three perfectly white kittens. One huge fellow was peculiar from his resemblance to the stuffed tigers in the case h...

In another cage—not for ... —was the favorite cat of one ... Mr. Harrison Weir, the w... nal painter—his brother, ... dogs, of St. Bernard dog c... the other judges. Mr. W... sleek blue tabby, of a placi... fond of stroking, and gi... She is known as the "Ol... She is attained to the venera... of twelve. One Manx Tom ... ly the hero of a hundred f... ears were laced, goffered, c... a shreddy pattern that told ... a scrimmage. He kept hi... ting posture, as if ashame... that he had no tail, and t... low "mew," as if of pleasu... across to where one of the ... was carefully washing h... heedless of all lookers-on. ... of domesticated brought by... animals was remarkable. ... Toms generally there was ... position to lie in sullen a... to give symptoms of an im... tempering old blacking i... where the cat glares wit... and bottle-brush tail at its... in the polished boot. Th... the contrary, responded ... visitors' caresses, and p... praises of their proportion...

The managers, we are t... great difficulty in persuad... part with their pets, and w... classes have responded, p... who owned the commoner ... from timidity or want of kn... the subject, have refraine... ing their purring favorites... seventy-five prizes, in sum... ten to thirty shillings. Al... show was very interesting ... novel assemblage will pr... trying to the birds when n... the part singing begins.

PRIZE CATS AT THE CRYSTAL PALACE CAT SHOW.

水晶宫的猫展是个大新闻，连《伦敦新闻画报》（*Illustrated London News*）都刊登了一张绘有参展美猫的版画，大西洋对岸也收到了这个消息：剪报出自宾夕法尼亚州的《纽维尔星报》（*Newville Star*）。全世界都注意到了！

胜利！我们在 19 世纪末攻占了不少堡垒，正如普朗所设想的，我们就像鼠镇之虎（Rattown Tigers）一样自豪地在主街上行进。1894 年的一份石版印刷杂志称赞这些"老虎"非常"完美"，对镇上所有的作恶者都是一种威慑！

征服了你们的心之后，我们就被赋予了一个新的角色。对旧大陆来说，我们曾发挥过很多影响，但直到 19 世纪，艺术家们才把猫塑造成了可爱的形象。图为普朗的另一幅石版画《聚会之中》（*At the Party*）。

新起点

A New Beginning

咱们终于谈到我最关心的话题了，那就是美国猫的历史和优良品格，我自己就是这些祖先的后裔。一片广阔而无拘无束的大陆就在海的对岸静候着，那是一片充满机会的处女地，但猫的数量却显然不足。这片西方大陆对家猫一无所知，那些从欧洲来到这里的猫咪们面临着一系列全新的难题，但它们通过数代的辛勤工作征服了这片土地，把这里变成了自己的家园。在这个过程里，它们开创了一种独特的遗产，使得它们和其他的猫迥然有别，对这点我们有理由感到自豪。我听起来是不是像在吹牛啊？如果真是这样，还请多多见谅了，但只要跟猫相处过一段时间的人就应该知道我们是些骄傲的生灵。我必须把谦虚放到一边，坦率地说出来，我们美国猫就是一种特殊类型的猫。

噢，不过我最好还是先解释一下我所说的"美国"猫是什么意思吧，因为我并不想用这个词简单地来指代美国境内的任何一种猫。我说的不是在富人们的派克大街顶层公寓或比弗利山庄豪宅里常见的那些昂贵的纯种猫，它们的血统得到了很多签字公证的文件的确认，使得人们很可能会把它们视作某个皇室的后裔。如果你正好跟这样一只猫生活在一起，那也别生气，因为它们一样是美好可爱的生灵，能给人类带来巨大的欢乐和深厚的情谊。但它们在我看来并不是真正的美国猫。

我们美国猫之间的关联不是血统上的，而是历史性的。事实上，我们本身也并没有什么品种，真正的美国猫就是所有种类的猫融汇而成的一个混合体。你可能会在这里发现一丝斑猫的印迹，在那里发现一点三花猫的特征，在你想不到的某个位置发现一撮白毛，或许还有一抹条纹或一个看起来格格不入的斑点。要是血统纯正派不认可这个结果怎么办？我们可不在乎！

没错，我们的确格格不入，而且引以为豪。我们就是一些流浪猫，混迹于街巷，会在废弃的建筑物或旧纸箱里生下小猫，你在城市收容所和动物庇护所就能看到我们。但我并不想描绘一幅凄凉的景象，因为我们聪明、坚定、灵巧，而且是公认的执拗，我们生来可能就要面对的那些不利因素全都没法动摇这样一种信念，那就是世界在我们爪中。我们的精神虽极其独立，却依然保留着无条件付出的意愿，只要我们把心交托出去，你们就找不到比我们更好或更忠诚的盟友了。

这种描述是不是也可以用来形容美国人民呢？这很难说是巧合，因为没有哪个国家的人类和猫的历史会这么紧密地映照出彼此。美利坚民族是由一些被排斥的人、受到宗教迫害的人或者那些完全不适应旧大陆僵化的社会结构的人建立起来的。怀着过上好日子的梦想，他们冒险穿越了冷酷的海洋。但回想一下我们在欧洲的那段苦难岁月吧。猫不也是遭人排斥的吗？我们不也是在同一片大洋上寻找活路的吗？

所以第一批驶抵对岸的船只除了搭载人类以外也带上了猫咪难民。当然，他们并不是为了给我们自由才把我们带上船的。在那个时代，你们人类可没这么有同情心。不过你们至少还是有智慧的，不敢在没有猫的情况下就远渡重洋，我们当时担当的还是守护重要物资的传统职责。不管怎样，这些船都只有一个方向，作为殖民者的人类下了船，我们也紧随其后，我们那时就是第一批踏爪新大陆的驯化猫。想想看，如果这趟旅程对人类来说都够艰难的，那么对一只猫来说又会有多艰辛呢？只有我们当中最坚强的猫才能在这样的航程中幸存，然后成功地适应殖民生活的残酷现实。

但这些无畏的少数派很快就会发现，美国对猫来说是一个截然不同的地方。旧大陆的偏见在这儿没那么强烈，殖民地是清教徒建立的，他们不需要像欧洲人那样大张旗鼓地施暴。对他们来说，把我们和邪恶联系到一起的故事并没有那种影响力。这些人都很务实，我们不必担心他们会举行那些可怕的酷刑仪式，在那种仪式里，我们会被当成祭品，以满足那个中世纪上帝的乖戾嗜血欲。可这也不意味着我们突然就被人接受了；我们依然属于害兽，只不过在捕鼠的能力上还有点可取之处。在相当长的一段时间里，美国人和之前的欧洲人一样，认为我们的能力不过如此。

然而，这其中也有一个重要的差异。美国人活泛的心思是这个新兴国家民众的决定性特征，这使得他们对万事万物都要追求最大限度的效用价值。与古板的老欧洲不同，在这里把工作干好了就能赢得尊重，没人理会过去的包袱，要说到控制那些蟊贼，那我们的活儿自然是干得漂亮极了。早期的移民都把我们当成了盟友，殖民时代有句谚语："你若是知道怎样和陌生的猫交朋友，那你必将幸运随身。"这句话提到了友善地对待流浪猫的好处，因为它们随后可能就会去阻止那些啮齿动物掠夺人们的财产或庄稼。农民们甚至想出了一个办法，那就是在门上开一个带翻盖的小洞，让那些想进去捕鼠的猫可以钻进他们的家宅和谷仓，这个发明一直沿用至今：你肯定知道，那就是猫门。

这个新兴的国家甚至给了我们官方的认可，因为在独立革命后不久，美国就成为第一个在预算中给猫划拨资金的国家。甚至在英国人雇用邮政猫之前，美国政府就已经做出了一项财政承诺，要用猫来保护邮件。邮政猫每年可分得一千美元的食品费，这些钱是依据各个城市处理的邮件数量来发放的。给纽约邮局的猫一百美元，给费城邮局的猫十美元，以此类推。和英格兰一样，工资很低，这笔钱连救济都算不上，因为我们的正餐还是以供应量格外稀少的老鼠为主，但这也是新共和国对我们价值的一种认

可，证明了我们可以为联邦做出贡献。

　　美国陆军给予了我们更大的支持。到 19 世纪初，猫已经成了军粮仓库的标配，感恩的司务长们对我们极其尊重。山姆大叔[1]始终对士兵一视同仁，这次我们总算找到了一个待猫不小气的雇主：

1　美国政府的绰号。

每只猫每年分得的喂养费高达 18 美元 25 美分，这个额度高到让财政部都提出了异议。但战友情谊必须维护，陆军站在了我们这边，坚称他们的猫需要得到恰当的照顾，它们的喂养也应该得到充分的重视。这相当于每只猫每天都能吃整整一磅新鲜牛肉！不仅如此，陆军采购员还提出了要求，说这个肉的分量里不能包含骨头。

尽管得到了这样的认可，公众还是缺乏关键性的远见，无法理解我们作为室友可以给他们的生活增添什么价值。这并不是说他们没有试着为我们寻找捕鼠匠之外的角色。他们好像也知道我们的能力不止于此，凭借着伟大的（有时也很鲁莽的）创造力，美国人民决心把这个问题弄个一清二楚。于是从 19 世纪开始，作家、教授和普通的思想家们就开始对当时的一个难解的问题展开了坚定的探索：除了能猎捕啮齿动物，猫还有什么好处？

他们的一些想法简直匪夷所思。一个大学教授建议，我们可以被用来保护房产免受雷击。先等等……这是啥意思啊？他注意到流浪猫经常聚集在屋后的栅栏附近，而闪电很少会击中那儿。我不怀疑这两件事的真实性，但他在这两个事实之间构想出的关联真是傻得可笑。他猜测猫具有某种躲避闪电的能力，而这种能力又保住了栅栏，通过一系列计算，他断定猫可以保护的区域是它身长的三倍〔包括尾巴——所以最好不要用马恩岛猫（Manx）[1]〕。

1　原产于英国马恩岛的猫咪品种，纯种马恩岛猫没有尾巴。

与此同时，纽约的一名记者又说我们可以被用来救援失火建筑里的人。如果我们聚集在地面上，困在楼上的人就可以往下跳，只要落到我们身上，我们的抗拉强度和弹性就有可能让他们免于受伤。哦，有人还认为我们有个更文雅的天赋，他们指望我们能在音乐学院里学会唱歌剧。

小贴士：上述项目都没能付诸实施。这并不是说19世纪的美国人对我们缺乏憧憬，他们显然有很多想法。但他们被数个世纪以来的迷信和严重的误解所蒙蔽了，看不出该怎么把我们接纳为伙伴。噢，有少数几只猫还是取得了真正的进展，其中有一对叫斑斑（Tabby）和迪克西（Dixie）的小猫就成功走进了白宫。它们是国务卿威廉·西华德（William Seward）送给亚伯拉罕·林肯的礼物，林肯旋即就被它们的魅力迷住了，他甚至允许斑斑直接上白宫的餐桌吃饭。一只在当权者的大腿上大快朵颐的小猫！总统夫人是个出了名的守旧派，她提出抗议，说丈夫的行为有失他们的身份，但诚实的亚伯（Honest Abe）[1]早已成竹在胸。他辩称，如果前总统詹姆斯·布坎南（James Buchanan）都可以在白宫的餐桌上吃饭，那猫没理由不行。林肯先生在这件事上确实为自己赢得了伟大解放者的名声！

不过这样的胜利相当罕见。这么说吧，这个时代最出名的猫

1　林肯的绰号。

里甚至都没有活的。有只猫在 1880 年引起了公众的兴趣，当时它被困在华盛顿纪念碑里，被迫从 500 英尺（约 152 米）高的窗户上跳了下来。出奇的是这只大胆的猫在跌落后并没有丧命，却在一瘸一拐地想要离开时被一只狗咬死了。这个离奇的故事登上了头条新闻，目睹了这起事件的维修人员复原了这只猫的尸体，它最后被填充起来，放进了史密森尼学会（Smithsonian Institution）[1]展出。还有一只被制成了木乃伊的猫，它是密尔沃基新闻俱乐部（Milwaukee Press Club）的吉祥物，这个可怜的小家伙因为卡在建筑物的墙上而丢了性命，后来有人把它按原样保存了起来。也不知是出于什么逻辑，当地的一群记者认定这只死猫就是他们职业协会的一个理想的吉祥物，所以他们就把它葬入了一个巴洛克风格的木箱，又放到他们最喜欢的酒馆里。他们可以时不时地在那儿给它敬酒，而这具木乃伊还会定期地被移走，在游行或者记者们觉得有必要的活动中被高高举起。它甚至还曾被指定为当地作家节的守护神。虽然人类可能会在这当中发现某种古怪的魅力，但从猫的角度来看，把这种滑稽的幽默投射到一只经历了可怕而孤独的死亡的猫身上是很不妥的。更不妥的是这些职业笔杆子还给它取了个名字：阿努比斯（Anubis），这可是一只古埃及狗的绰号。

---

1 位于华盛顿特区，是一家半官方的博物馆机构。

　　对于猫来说，美国大体上仍是个冷酷无情的世界。但一些有史以来最勇敢、最坚定的猫正在彻底地改变我们的地位。美国自诩为机遇之地，但东海岸过度拥挤的城市和肮脏的贫民窟只对少数人履行了这一承诺。你们当中有些更坚强的人再度开始了迁徙，冒着风险到广阔的西部地区谋求新生。拓荒者们沿着落基山脉前行，新的农场和城镇开始破土而出，这里地势虽险峻而棘手，但至少可以被他们称作自己的土地，这地方阳光明媚、天空蔚蓝，无尽的地平线兑现了自由的诺言。

但这片边疆也有些不讨喜的东西：老鼠。它们数量很多，分布在这片广阔无垠的地区，所以能依靠的也只有捕鼠专家的爪子了。美国西部极其需要我们！我们又一次响应了号召，随着19世纪逐渐逝去，猫咪们也慢慢开始进入内陆地区。但这些勇敢的猫是打哪儿来的呢？有些是随着马车队来的，那些有远见的人会带着猫去旅行。有些是从墨西哥迁徙过来的，它们乘着西班牙大帆船抵达了中美洲和南美洲，又与西班牙传教士一起向北行进，把美国西南部纳入了自己的版图。还有不少猫开辟了自己的道路，这些真正的开拓者从东海岸的大城市出发，迁徙得越来越远，最终越过了密西西比河。

与在这片新大陆上殖民的无数代航海猫一样，边疆猫天生就强壮而聪明。它们也是很有价值的商品，尤其受牛仔喜爱，他们会储存好几个月的生活物资，对他们来说，田鼠的掠食有可能会引发灾难。尽管他们雄壮刚健、独立自主，但还是需要我们的帮助。虽然你们在西部电影里可能看不到这一点，但很多牛仔的确是和我们一起横穿了平原。我得让你们知道，他们为我们的辛劳可是付了高价。

想想看，在19世纪80年代的亚利桑那州，一只猫，不管是什么猫，它的定价都是十美元。这在人均月薪可能不到二十美元的时代可是笔巨款。但这是市场决定的：我们简直就是供不应求。与此同时，中西部的创业者们还在成批地买猫，然后用火车把我们送到达科他州，这让他们赚回了两倍的价钱。而在北部的阿拉斯加，我们和同等重量的黄金等值——毫不夸张，绝望的采矿者们会用砂金来买猫。

你可能要问了，在边疆抓老鼠不就是过去那种劳役吗？我不能否认这点，但这是个新世界，传统的角色和习俗在这儿并不总是成立，这也为那些有胆量的猫创造了机会，让它们能够在社会上赢得立爪之地。有不少猫都接受了这一挑战，而且在这个过程里重新定义了公众对猫的看法。举个例子，盐湖城有只叫汤姆（Tom）的大公猫。它一直和一个叫约翰·韦斯特（John West）的人住在一起，在一个晴朗的日子，汤姆叼走一条比目鱼，而韦斯特先生认为这条鱼是他的（当时和现在一样，家里的食品归谁是猫和人之间常见的争执）。韦斯特先生非但没有进行和平磋商，反而十分火大，他最后就把汤姆装进一个袋子，藏在了开往加州的列车上的一个座位下面！火车行驶了约337英里后到达了内华达州的卡连特（Caliente），车上工作人员这时听到了汤姆的喵喵声和沙沙作响声。这只可怜的猫被发现之后，处境更是雪上加霜——它没有票，所以被赶下了车。

但正如我告诉过你的那样，边疆猫天生聪明强壮，汤姆知道

自己该做什么。盐湖城的那栋房子既是韦斯特先生的，也是它的，要是放弃可就真是太不应该了。它转身就向东奔去，翻越了山脉和沙漠，在危险的捕食动物出没的地带忍受着酷热的白天和寒冷的夜晚。尽管它并不熟悉这条路，但三周之后，它准确无误地来到了家门口。可以肯定的是，它已经精疲力竭了，但它只想要一样东西，而且实际也只需要一样东西：晚餐。韦斯特先生大为触动，他招呼汤姆吃了晚饭，还发誓再也不把它赶出去了。汤姆表现得比韦斯特更大胆，所以在家里赢得了一个永久而正当的位置。

同一时期，诗人赛·沃曼（Cy Warman）也回忆起了另一只拓荒猫的故事。赛·沃曼年轻时曾在铁路公司工作，被称为"落基山脉吟游诗人"。在西部铁路线工作期间，他收留了一只一直住在铁路站场的流浪黑母猫，在一起走过了无数英里的旅程之后，他们变得非常亲密。沃曼离开公司那天决定带着它一起退休，他发现它就睡在火车上的煤堆里，于是叫了它一声，它以懒腰和熟悉的咕噜声作了回应，随后便站起身走了过去。然而在他和火车中间，它突然停下了脚步，立在那儿一动不动。随之而来的是片刻的犹豫不决，铁路站场中弥漫着明显的焦虑氛围，这状况最后被一声可怜的喵喵声打破了。猫儿目不转睛地注视着沃曼，又停顿了一会儿，然后改了主意，头也不回地转身回到了火车上。

这只黑猫知道自己的人类伙伴要离开了（我们一直都知道！），也知道它必须做出选择。这很难，我们不必怀疑，和一个有爱心

的人过着舒适的生活可能很有吸引力，但它是一只边疆猫。它选择了火车上那一堆肮脏的煤，而不是一张舒适的床；选择了速度和力量感，而不是懒洋洋地躺在门廊上的日子；选择了一望无际的广阔天地，而不是齐整的花园。它选择了乘火车旅行，任轻风吹拂自己的胡须。至少在此后的两三年里，它都没有改弦更张，直到那命中注定的一天，火车脱轨了。司机被发现时已经身亡，尸体残破不堪，人们在几英尺外发现了那只猫，它的身体也耷拉着，再无生命的迹象。它是从哪儿来的，来铁路段前叫什么，没人知道。但这条铁路线的人都知道它后来的名头，美国（也是世界上！）唯一一只铁路猫。

它选择了自己的生命道路，至死不渝，在拓荒猫中也堪称先驱。不过这就是边疆的本质！生活并不轻松，但这也是一个旧身份被人遗忘、新身份逐渐树立起来的地方。人和猫的纽带在偏僻的西部天空下得以发展，在无垠的天地间，一个古老的观念重焕新生：以猫为伴。有两处边疆同时被西部猫征服了，我说的不仅是地图上标示的边疆，也包括人心之疆。想想铁路工人和那只优秀的小黑猫吧！他们以前也想不到自己会和一名猫咪列车长在铁路上飞驰！他们和它慢慢相识相知，一起在燃煤的气味里大笑和喵喵。想想那些和我们一起穿越无尽旷野的牛仔吧，我们就坐在他们鞍角的后面。在那些空荡的小径上，他们也同样了解了我们的生活方式，在星光灿烂的夜晚，营火旁的牛仔弹奏着吉他，给一位猫咪朋友献上一曲，而这个朋友也会满足地回以咕噜声，你能怀疑这个情景吗？

在当时的美国，人们通常都认为文化是从东部流向西部的，重要的观念和作风都会从波士顿或纽约这样的思想中心往西传播。但猫文化的传播过程正好相反。西部人解开了猫的谜题，而这种

见识随后便开始传向东部。我们隐藏的目的实际上并没那么神秘。东部人既感到敬畏，又觉得惊讶，或许还有一丝尴尬，他们终于发现自己要寻找的答案实在太过明显，反而让他们猜不出来：猫其实可以成为他们的朋友！

就像在欧洲时一样，这个想法也开始渗入美国的作家和艺术家之中了。20世纪的头十年是一个激动人心的时期，在此期间，著名的作家、诗人和画家都对狗失去了兴趣，纷纷为我们所倾倒。很多知名的美国文人不久就开始为我们代言。马克·吐温就在康涅狄格州的家中收养了好几只猫，而且认定自己更喜欢它们而不是人类。他以一种特有的风趣（或许还有诚实？）口吻宣称："如果人能和猫杂交，那人会变好，猫却会变坏。"我们还有一个更大的拥趸，那就是洛夫克拉夫特（Howard Phillips Lovecraft）[1]，他把猫视为自己笔下那种极度恐怖的一种解药。他宣称："猫，是为那些把美当成盲目而无意义的宇宙中唯一有生命的力量来欣赏的人准备的。"

此后的好几代作家和艺术家都把我们当成了心头肉，猫简直就快变成美国的缪斯了。不许嘲笑我！好好想想这份名单上的那些名震海内外的人物吧。欧内斯特·海明威是以典型的硬汉形象著称的，但他就非常迷恋一位船长送给他的六趾猫，以至于在

---

1 霍华德·菲利普·洛夫克拉夫特（1890—1937），美国恐怖、科幻与奇幻小说家，著有《克苏鲁的呼唤》等。

基韦斯特（Key West）[1]的家中给它的幼崽们建了一个聚居区，这些小家伙至今都被称为"海明威猫"。威廉·巴勒斯（William S. Burroughs）[2]也许是个典型的反主流文化偶像，但他对动物的品味可一点都不异类：猫和更多的猫！他认为人和猫的关系本质是灵性上的，而这种关系可以给你们带来某种形式的启迪。他曾坦承："我和我的猫的关系把我从一种彻底而普遍的无知里拯救了出来。"

在视觉艺术家里，我们敢说我们最大的拥趸绝不亚于美国艺术史上名头最大的那些人物。安迪·沃霍尔就曾在列克星敦大道的公寓里一口气养了25只猫，除了其中一只，其他的全部取名山姆（Sam）。沃霍尔对猫的宠爱由来已久，在成名前的1954年，他出版的第一本书的内容就是一系列的猫咪石版画，现在这书可价值不菲，好几本都卖到了数万美元。沃霍尔的猫甚至可以在他的画作上胡蹦乱跳，有时都能看到它们留在上面的爪印。噢，不会吧！有问题吗？沃霍尔可不觉得，他总是乐于接受朋友帮的这点小忙。

实打实的美国缪斯。在20世纪的头十年，这个国家迈入了猫的时代，潮流的变化实在迅速，就像一个瓶塞终于松开，被压抑了几个世纪的情感正在喷薄而出。东北部地区是这股新兴热潮的原爆点，《波士顿邮报》（Boston Post）甚至给我们设了一个专栏：

1　位于佛罗里达，是美国本土最南端的城市。
2　威廉·巴勒斯（1914—1997），美国作家、艺术家，"垮掉的一代"的代表人物之一。

"新英格兰名猫"。这是有史以来第一个专门报道猫的报纸专栏，公开表彰了不少当地的杰出猫咪。其中有些故事很有震撼力，比如因死后复生而得过两次奖的小猫明妮（Minnie）。

明妮在一场房屋火灾中被严重烧伤，前来救援的消防员以为它已经死了，就把它扔到了救火车上等待处理。但第二天早上，他们听到了一声微弱的喵喵声——它一动不动，烧得焦黑，但仍然活着。消防员们对它照料有加，虽然过了很多天它才能活动四肢，但最终还是完全康复了。消防员们的慈善之举得到了回报，他们发现自己多了一个满怀着爱和忠诚的朋友，大家都非常宠爱明妮，以至于把它当成了消防站的吉祥物。那又怎么了？记着，消防员大都是以狗为吉祥物的，通常是斑点狗。不过第 24 号云梯消防队是个例外，他们选了一只猫。我们往前走了有多远啊！

正是在这剧变的年月里，美国最伟大的一只猫走上了台前。它的名字叫杰瑞·福克斯（Jerry Fox），这是一只来自布鲁克林的混血街头猫，身世不明，只凭着天生的魅力和制胜之道就升任了区政办公室的区猫（Borough Cat），我得指出一点，这个职位是为了向它致敬而专设的。杰瑞最显著的特点就是它戴着一副眼镜。没错，就是眼镜。怎么给猫测眼镜度数，这连我都猜不出来。但这件事有案可查，杰瑞的视力在 20 世纪初明显变差了，所以人们给它的小脸量身定做了一副眼镜。

从此以后，杰瑞的鼻子上就架起了一副眼镜，坐在区政厅的台阶上，过路人会把报纸放在它面前，这样它就可以假装在看报。甚至有人怀疑是这副眼镜——或更确切地说是这副眼镜的缺失——造成了它的死亡：1904 年的一天，它没戴眼镜就跑了出去，盲目地四处游荡，结果掉进了一个最近为维修自来水总管而挖开的洞里。这场不幸后来演变成了悲剧，因为维修人员不知道倒霉的近视猫杰瑞就在里面，所以把洞口填埋了，直到一年后再次挖开这个洞时才发现它的尸体。

但杰瑞的悲惨结局并没有削弱它在猫史上的重要性。我称它是一只伟大的美国猫，但它并不是那种能让我们为其勇敢而欢呼或者为其坚韧而惊叹的猫。我们可能会觉得它要依赖眼镜这点很吸引人，但这也不是伟大的衡量标准。相反，它在我们喵星人中的地位另有根源，只要读过《布鲁克林每日鹰报》（*Brooklyn Daily Eagle*）上杰瑞的讣告就一清二楚了。它的尸体被发现后，这份报纸在几个专栏都刊登了悼文，确认了杰瑞的悲惨结局，但也借此整理出了它一生的编年史。

这份资料中包含了很多名人的陈述，见证了大家对杰瑞那难以置信的爱。报纸上说，如果区政厅广场上的每个政客、商人、法官和律师都失去了一位老友，也不会比杰瑞之死的消息更让人伤心。一名议员称赞了这只猫的直率风格和拳击家般的素质，另一名议员则打了个比方，说杰瑞之于布鲁克林，就如鳕鱼之于波士顿（如果你有啥疑问的话，那我告诉你，这可是很高的评价）。它有很多怪异的地方都被人留意到了，最显著的自然是它的眼镜，还有它坐在流浪汉中间的模样以及摊在它爪前却从未看过的报纸。附近铁路上的工人都跟它很熟，火车经过时，他们都会留意这只眼神儿不大好的猫。它有时候会到处瞎晃，大家就像照顾一个老态龙钟的大爷一样照看着它，小心翼翼地，生怕伤到它的自尊心。

从这篇悼文中浮现的不是一只猫的肖像，而是对一种个性的勾勒。这就是杰瑞在我们当中拥有崇高地位的原因。对公众而言，它的所有前辈都只是猫而已。但杰瑞远不止于此：它是一种超越了猫的观念，一个布鲁克林本身的符号和本地的传奇。猫咪时代的第一只名猫由此诞生。自那以后，还有很多猫都越过了这条边界，读者们如今肯定都知道几只名利双收的喵星人。

但杰瑞有首创之功，荣誉殿堂里永远有它一席之地。它是太受人爱戴了，所以在官方公布它死亡的消息后，整个行政区都大为关注。它失踪已有一年，人们肯定都知道它已经离世了，但最后的结局一旦被证实，它的尸身一经被发现，报纸上还是讲述了整个布鲁克林都为之驻足落泪的情景。这泪都是为一位恰巧是猫的老友而流的。

猫崛起的势头如今已不可阻挡，即使是杰瑞的惨死也没有终止这一进程，因为一只更伟大的名猫很快就要从地平线上腾空而起了——这既是比喻也是事实。这只名叫基豆（Kiddo）的灰色斑猫之所以能成名，要归因于当时有些人对飞行的特殊痴迷。具体来说，让他们着魔的想法就是乘坐一种可驾驶的飞行器跨越大西洋。历史清楚地记载了这种信念有多么可疑（请记住，哪怕是有史以来设计得最精密的飞艇兴登堡号 [1] 也没有完成这一旅程）。但

1　兴登堡号飞艇（*LZ 129 Hindenburg*），德国大型载客硬式飞艇。1937 年 5 月 6 日，它在第二个飞行季的首次跨大西洋航程中因事故烧毁。

人类的勇气往往源于愚蠢，所以在 1910 年，美国号飞艇（*Airship America*）便计划飞往英国，开启了从空中征服海洋的首次尝试，艇上载着六名可敬的机组人员以及一只猫。

基豆能上艇，完全是出于机组人员的迷信，并没有什么实际作用，因为它也完全没有假装自己懂得航空知识。但飞艇上有些机组人员干过水手，所以自然是相当谨慎，不愿在不带我们喵星人的情况下出发，而基豆以前曾在船上服役，所以就被招募进来了。它其实并不想参与这趟飞行旅程，讽刺的是这竟然给它招来了恶名。飞艇升空时，原本对这场讨厌的冒险保持着沉默的基豆开始变得心烦意乱，这是可以理解的。我相信读者都知道我们即便是在乘车旅行时都会大吵大闹，所以想象一下一只猫被困在一个漂亮点的气球上会有什么反应吧。一名机组人员就说了，可怜的基豆"像笼子里的松鼠一样喵叫、嚎叫，还到处乱跑"。

美国号飞艇碰巧是最早配备了无线电的飞行器，随着艇身蹒跚而上，历史也就此缔造。机长抓起话筒，拿到嘴边，大声喊出了他的命令，这是破天荒的第一次（空中）广播："罗伊，快来把这只该死的猫抓住！"这一开创性的无线电信息最后成了整场冒险旅程的亮点，因为美国号并没能真正抵达英国。事实上，它在坠海之前甚至都没到达百慕大群岛，基豆和艇上的同僚们被美国海岸警卫队救了上来。对参与其中的人类来说，觉得尴尬是可以理解的。老实讲，他们都觉得很丢脸。但他们的失败肯定不能算

在猫头上，为了转移机组人员的窘态所引发的关注，人们的注意力很快就被集中到了基豆身上。毕竟有只猫飞起来了，这可是个了不得的事，它甚至成了从空中发出的第一条无线电信息的主角。

现在只缺一个外号了，等到报纸把它称作"飞猫"时，一位明星就此诞生。杰瑞·福克斯的名气还一直局限在布鲁克林，而基豆的名声却响遍了全国，而且极受欢迎。迅速走红于纽约市的金贝尔（Gimbel）百货商场为了吸引顾客，在开业当年就请基豆

来做了一场大张旗鼓的宣传。它当时坐在一个金色的笼子里，到顶楼的最后面才能找到，来客们只得走完整个商场，一路遍览里面陈列的所有商品，只为一睹这举世之奇。这些人都觉得让这只灰色斑猫陪人类进行一次愚蠢的冒险是个好主意，而它却被他们吓得魂不附体。

　　离开纽约之后，基豆开始巡游全国，征服了远近各地的城镇。在匹兹堡停留时，它的待遇堪比王室成员。有人给它颁发了一个黄金项圈，还亲手给它喂了一顿鸡肉大餐。不出数月，它就来到了遥远的蒙大拿州。据当地一家报纸报道，它一周的出场费就高达惊人的两千美元。注意了，那时候的一美元可是真值钱的啊。但其实这都是建立在一个谎言之上！美国号飞艇是于1910年10月出发的，但早在8月，飞行员约翰·贝文斯·莫伊桑特（John Bevins Moisant）在飞越英吉利海峡时就把他的斑猫菲菲小姐（Mademoiselle Fifi）塞进了外套里。

啊，但是媒体已经盯上了基豆，所以就把桂冠授予了它。也许我们可以把这种名猫的装饰看作对它被迫乘坐飞艇的不适所作的补偿，但说到底这也不是什么大恩大惠，实际上还让它付出了生命的代价。在美国号惨败后一年，一个名叫梅尔文·瓦尼曼（Melvin Vaniman）的可疑人物决定驾驶一艘名为阿克伦号（Akron）的飞艇再度尝试横渡大西洋，而基豆也再次被送上了天空。关于瓦尼曼这个人，我只能说点刻薄话了。他非常清楚自己要承担的风险，因为他本人就曾是美国号机组人员中的一员，事实上他还是其中唯一一个不想让基豆上艇的人。瓦尼曼不是猫的朋友，相反，他是人类当中最卑鄙的一类：机会主义者。基豆如今声名鹊起，这人就突然想找它做伴了。

说白了，瓦尼曼的计划就是要利用这只猫的名气来达到自己的目的。把基豆带上阿克伦号能吸引更多人关注他的冒险，所以他就安排我们的英雄加入了。而且，噢，瓦尼曼还真是给它做了件大事呢。他为方便基豆而打造了一个完美适配猫咪身材的床铺，然后就开始用这个故事来取悦记者了。不过我估计你肯定知道这个故事的最终走向吧？是的，飞艇掉到海里去了。美国号的机组人员至少幸存了下来，但当阿克伦号沉没时，包括基豆在内的所有机组成员都葬身鱼腹了。为了补偿它在这个贪婪的人手中所受的苦，我只能希望它能在最后一次升天之旅中得到公正的回报，一路飞到天堂去吧——我想梅尔文·瓦尼曼这次是飞不上去了。

美国第二只名猫的死亡比第一只还惨，但它的殉难只会将公众的迷恋激发到更高的程度。到基豆离世的时候，我们甚至已经走进了富人的客厅。当然，上流社会对这种缔造了一个民族的坚韧不拔的猫科动物并不感兴趣。他们想要的是能显示财富和地位的猫。他们钟情于昂贵的异国品种，还有什么能比狮子更有异国情调呢？没错，这是真的。美国猫科动物史上的一个奇特的篇章就是在此时开启的，当时有些人决心要压别人一头，却又不确定他们该找我们当中的大个子还是小个子来做伴，最后就对养狮子产生了兴趣。

当时好像每个大城市都至少有一只狮子，但最著名的城市养狮人还要属维尔玛·洛夫–保尔洛吉（Vilma Lwoff-Parlaghy），这是一位匈牙利公主，1908 年搬到了纽约市广场酒店。她非常有钱，也极其古怪，她的一个怪癖就是在自己的套房里养一群稀奇古怪的野生动物，包括一只猫头鹰、一条小鳄鱼和一头幼熊。不过酒

店员工要是觉得他们啥都算见识过了，那他们可预料不到接下来的场面：在拜访了林林兄弟马戏团（Ringling Brothers Circus）之后，维尔玛带着一只叫戈德弗莱克（Goldfleck）的小狮子回来了。

这是一见钟情，至少对公主而言是这样，于是她决定买下它。询价之后，对方明确告诉她，马戏团的动物都是非卖品。噢，可金钱自有一套能够说服人的语言，靠着这种语言，公主的口才足以融化林林兄弟的心，就像戈德弗莱克融化了她的心一样。她带着一头狮子回到广场酒店的时候，酒店员工们都惊得哑口无言，不愿再多说一句了。还好，酒店的管理层和马戏团都通晓同一种语言，由于公主是他们消费最多的房客，所以他们也就默许了她把自己的套房变成狮子窝的愿望。

即使广场酒店再怎么奢华，那儿也不是狮子能够栖身的地方。我们已经见识过了，家猫的进化并非偶然，把一只野外的大型猫科动物抓到马戏团里就已经够呛了，要把它困在酒店套房里只会更加糟糕。我觉得戈德弗莱克让人惊讶的地方并不是它的英年早逝，而是它竟然在这个监狱里活了四年。它去世之后，心烦意乱的公主坚持要让广场酒店允许她在大堂守夜。她雇了一队专业的送葬者来参加这场活动，他们随狮子的送葬车队走了二十五英里，来到了哈茨代尔（Hartsdale）的宠物公墓。公主在此举办了盛大的葬礼，花费了上万美元，而戈德弗莱克终于被放归自然，尽管为时已晚。

幸好宠物狮子流行的时间很短，因为人类最终意识到猫科动物的体形并不总是越大越好。你们并不需要一头狮子，毕竟只要对我们的英勇事迹了解得足够多，那就应该知道即使是我们当中个子最小的伙计也可以非常强大！要说到美国猫的话，如果我们成为这个共和国的一员，那肯定会起身捍卫它，而不仅仅是待在这个国家的粮仓里。1917 年的报纸头条着重报道的消息有可能震骇了美国人民，却并没有吓到顽强的美国猫：我们要打仗了，而且是直抵前线！

原来在第一次世界大战中，德军意外获得了一批邋遢至极的大老鼠的支持，三年以来，这些老鼠让满目疮痍的西线战壕中的联军将士苦不堪言。为了对抗它们，友军用过狗、毒药和英国的猫，但都无济于事——事实证明，即便是公平的对抗，这种身形巨大的蝨贼也常常能跟后者匹敌！不过这些斯文的英国猫可能在美国参战后就要退居二线了，因为精锐的士兵正在赶来——它们是纽约、费城和巴尔的摩港口的码头猫，被誉为全世界最大最强的捕鼠匠。为了响应联军的号召，它们在 1917 年 12 月被派到了前线，而咱们的人类士兵直到 1918 年初才抵达战场，这意味着是我们喵星人让德国皇帝[1]第一次尝到了美国火力的滋味。

在第二次世界大战期间，我们也没有袖手旁观。1941 年，一只黑猫从宾夕法尼亚州出发，前去执行了一项破坏纳粹德国的英勇任务。它名为午夜上尉（Captain Midnight），由威尔克斯-巴里商会（Wilkes-Barre Chamber of Commerce）派往英国，乘英国皇家空军的轰炸机飞越欧洲，最终的目的是让它和阿道夫·希特勒擦身而过，以此来诅咒他[2]。午夜上尉被装在一个红白蓝相间的板

1　指德皇威廉二世。
2　有人认为黑猫从身前走过会带来厄运。

条箱里，上面标注着"特使"。它启程赴欧是个大新闻，全国各地的报纸都有刊载。

不过后续的情况便无人报道了，这不可避免地给反对派们提供了口实，他们坚称英国人只是把这个计划当成了个玩笑，而且对这个想法嗤之以鼻。但这些疑心重重的家伙显然对军规一无所知。这是一项具有最高战略价值的任务，当然没有进一步的文档记录啦：为了确保行动成功，午夜上尉的行踪必须绝对保密。那么你要问了，我们怎么知道它是不是成功了？我就用个问题来回应你吧，希特勒先生最后是个什么下场？德国人是不是先于日本人投降了？好了，如果这些回答能满足你的需求，那么你也许应该感谢一只猫。

我们当中还有些猫在美国陆军和海军陆战队服役时就没那么隐蔽了，海军也是一样，这不消说，我们会继续在舰艇上发挥传统的作用。历史上获得勋章最多的军猫是一只二战时期的美国猫（功勋甚至超过了西蒙！），这只名叫普莉（Pooli）的母斑猫赢得了三条服役绶带和四枚战斗之星勋章。它是一只彻头彻尾的海军猫，生于夏威夷的珍珠港，最终在美国军舰弗里蒙特号（USS Fremont）上获得了船猫一职，见证了海军史上的一些最惨烈的战斗，包括硫磺岛、菲律宾和马里亚纳群岛的激战。普莉能够获得勋章，靠的不是什么特殊能力，而是猫咪普遍都有的一种习惯。它证明了一点，只要有需要，哪怕是我们当中最温顺的一员也有

能力展现出英雄气概。

　　碰巧它最喜欢的消遣就是蜷缩在一个球里打瞌睡。一旦战斗全面打响，也就是有炮弹和炸弹爆炸的时候，它马上就会跑到船下的邮件室，给自己找个舒服的邮袋，然后接着打盹。别着急，在你傻笑着断定它能获得勋章就是个笑话之前，先从船员们的角度来了解一下吧。他们说了，在情况最不利的时候，他们也不确定自己能不能挺过去，那时就会派人下去看看普莉。如果它还在熟睡，那他们就明白一切都会好起来的。

　　总之，他们推断，要是战况还没糟糕到惊醒这只船猫，那也确实没那么糟糕，对吧？所以你看，普莉可是尽了最大的努力，靠鼓舞战友的士气赢得了那些勋章。它很清楚，猫儿勇敢睡觉的示范作用就像一座堡垒，可以帮人们抵御恐惧，你总不会觉得它就是在危急关头选了个轻松的法子脱身吧。你有没有试过在炮火连天的时候睡过觉？想不被这种动静吵醒，那可需要相当大的决心！

　　这类故事传回国之后，我们的勇气就已经不是什么秘密了。到了 20 世纪 50 年代，美国猫的声望又因为一枚国家级奖章而得到了进一步提升。靴猫奖（Puss'n Boots Award）是一枚既大又美的青铜奖章，旨在表彰我们对社会的杰出贡献。颁奖方是加利福尼亚州的一家水产公司，他们生产的猫粮品牌就叫穿靴子的猫。第一位获奖者是克莱芒蒂娜·琼斯（Clementine Jones），这只黑猫在 1950 年秋天的一次英勇跋涉登上了全国头条，证明了猫的忠诚。1949 年，它的家人伦德马克（Lundmark）夫妇从纽约州的敦刻尔克搬到了科罗拉多州的奥罗拉，伦德马克先生当时接受了丹佛一家百货商场的销售助理职位。但由于克莱芒蒂娜有孕在身，他们决定还是把它留在亲戚家里。

我不能说这个决定不好。不强迫一只怀孕的猫横跨整个国家，这很人道，但克莱芒蒂娜还以为分开应该只是暂时的。因此一年之后，就在儿女都长大成猫之时，它失踪了。好几周过去了，大家都没找到它，敦刻尔克这边估计它是出事了。人们猜测它或许是被车撞了。但事实并非如此：克莱芒蒂娜之所以失踪，是因为它去了科罗拉多州。

一只猫竟走过了无数英里的路程，经历了各种未知的危险，你们当中有些人肯定会对这种想法感到讶异。哎呀，可咱们不是早就知道这就是美式作派了吗？我们用坚定的意志赢得了这个国家的心，靠勇气闯荡天涯，在人类看来，我们已经证明了自己。克莱芒蒂娜·琼斯就是一只继承了这种开拓精神的典型美国猫。直到失踪约四个月后，它现身了，就在伦德马克家的门口，一个它从没见过的家，一个它此生从没去过的城市和州，仅仅是凭借着智慧的指引。它的旅程行经了将近 1600 英里（约 2575 千米）的未知道路，穿越了落基山脉，但它最终找到了自己的家人。

这样的猫当然配得上一枚奖章！但人们不愿给予非人种族应

得的荣誉。"得了吧，不可能是它，"怀疑者们抱怨道，"跑到他们家的肯定是另一只猫，长得像而已。"但克莱芒蒂娜让他们闭了嘴，证据就在它的爪子上。它有一个身体特征是不会让人认错的：它的一只爪子有七个趾头。这些趾头道出了真相：七个都在，肉垫子都磨得见了骨头，毫无疑问，是克莱芒蒂娜自己完成了这段史诗般的旅程。

克莱芒蒂娜所获的奖章是此后十年里在全国范围内颁发的第一批靴猫奖之一，那之后这个奖项就不幸终止了，因为穿靴子的猫这个品牌被出售给了一家大公司，而这家公司没看出给猫颁奖有多高明。噢，但在那十年里，公众还是享受到了不少英勇而暖心的故事。其中有些也不乏幽默，比如这起戏剧性事件：一个周日，康涅狄格州一座教堂的唱诗班正唱到教众们担心魔鬼就在他们中间之时，一只躲在教堂里的猫就开始大声嚎叫起来了（我得说，这就值得给它颁个奖！）。但总的来说，奖章和围绕奖章所作的宣传还是进一步提升了我们的地位，让大家都知道了我们有能力做出好多奇妙的事。我的意思可不仅仅是指给人类效劳，也是指给其他物种提供帮助。

听听这个路易斯安那州的故事吧。1953 年，有只年迈的农场狗失明了，突然间，一位仁慈的天使就以流浪猫的形貌出现在了这里，它后来被人称作小猫比利（Kitty Billy）。不知何故，它察觉到了这只狗的困境，于是便开始在屋外等候。只要这只盲狗一出来，比利就会陪着它散步，充当它的双眼，帮助它安稳地前行、过街，确保它最终能顺利回家。一只导盲猫！——真没想到角色竟然互换了。几乎无人不被这样的故事打动，比利由此也赢得了一枚当之无愧的奖章。但我觉得更引人注目的是这件事：狗去世后，这只小猫也离开了这个农场，再没回来。比利为照顾一只生病的动物而中止了漂泊生涯，但它并不想让人类给它一个家，也不指望有人感谢它。使命一旦完成，它便离开农场，丢下奖牌，继续自己的猫生旅程去了。

还有一个动人的故事出自密苏里州的乔普林市（Joplin），那是 1952 年，一只猫收养了一窝小负鼠。这些小负鼠出生才不过几天，它们的妈妈被车撞了，一名动物保护协会（Humane Society）的工作人员在它的育儿袋里发现了它们。情急之下，他把这五只幸存的小负鼠带到了当地的一只猫那儿，这只猫最近正在哺育自己的一窝小猫，他希望它能照顾好它们。它不仅愿意帮着喂这些新生儿，还收留了它们，把它们当成自己的孩子来抚养。作为自然界和谐的象征，人们给它取了个昵称——苏妈妈（Mother Sue），它也同样获得了靴猫奖章。

由于公共形象日渐提升，我们最终能在美国赢得至高的地位——银幕明星——也就不足为奇了。当然，好莱坞传统上是狗的天下，很多选角导演都说猫太我行我素，没法训练成演员。但在 1912 年，一只名叫胡椒（Pepper）的黑猫证明了这个看法错得有多离谱。它出生于洛杉矶麦克·塞纳特电影公司（Mack Sennett Studios）的摄影棚下。有一天，这只小猫在地板上爬来爬去，然后发现自己跑到一处正在拍摄的片场里来了。"把光打给它。"一名工作人员开玩笑说。不过它并没退缩，而他们随后就决定开拍。结果怎么样？胡椒天生就是干这行的料，它在镜头前尽情嬉戏，仿佛这玩意儿不过是大晴天里的一扇窗。不到一年，它就跟查理·卓别林、肥仔阿巴克尔（Fatty Arbuckle）[1]和启斯东警察（Keystone Cops）[2]这样的影坛名角一同出现在了银幕之上。

　　尽管如此，质疑声依然存在。大人物们都说胡椒这样的猫是很少见的。即使在当时，他们也从没让它在一部完整的故事片里扮演主角，还坚称猫只适合出演小角色。啊，又被人看扁了。"你们是靠什么在这城里交上好运的？"好莱坞的猫咪们自问自答。才华，靠的就是这个，影史上的一些最伟大的猫咪演员在20世纪50、60年代最终证明那些权威看走了眼。而且它们可没有什么名贵的血统，这是真正的美国范儿。事实上，第一只在故事片里担纲主演的猫，也是有史以来最多产的猫咪演员，就是一只在……灌木丛下发现的橘色斑猫。

　　这是一只凶猛的流浪大公猫，曾在洛杉矶郊外的谢尔曼橡

1　指罗斯科·阿巴克尔（Roscoe Arbuckle, 1887—1933），美国导演、演员，绰号肥仔。

2　启斯东电影公司拍摄的无声喜剧电影中出现的一些无能而滑稽的警察形象。

树镇的一个名叫艾格尼斯·默里（Agnes Murray）的女人的院子里借宿。默里太太很生气，因为它完全没有表现出要离开的迹象，而且她肯定猜不到它注定会成为猫界的马龙·白兰度。那是在 1950 年，碰巧派拉蒙电影公司正在拍摄一部名为《捉猫笑史》（Rhubarb）的影片，讲述的是一只流浪猫在古怪的铲屎官去世后继承了一支职业棒球大联盟球队的离奇故事。然而这家公司遇到了一个问题。他们找不到合适的主角！训练员不断给他们送来优秀的猫咪，但派拉蒙想找一个强硬的家伙来当他们的男主角，一只粗野的猫，要有街头生活的智慧。无奈之下，他们启动了一场决定命运的试镜活动，为这部影片征召主角：一只凶狠的、满脸伤疤的猫。

默里太太注视着院子里灌木丛下的那只橘色野兽。她估计它肯定符合条件，于是把它塞进了一个盒子里（这当然不是个轻松活儿），然后驱车直奔好莱坞。派拉蒙那帮人是什么反应呢？"那就是我们要的猫！"他们决定给它取名为"橘子"（Orangey），事实证明它很会演戏，而且拿到了一份此前还从未给过猫的大电影合同。除此之外，它还能做好多事：这是个彻头彻尾的街头小子，谁也没见过这么会抓会咬的猫，它和剧组人员发生的冲突非常有名。不过在《捉猫笑史》里的演出还是为橘子赢得了 1952 年的帕特西奖（PATSY Award），这相当于当年动物界的奥斯卡奖。从街猫变身为获奖演员？的确令人赞叹，但更令人赞叹的地方在于它是第一只获此殊荣的猫。

　　橘子的演艺生涯持续了十五年，出演次数之多，连它的训练员都数不过来了，只记得在两百次左右。作为好莱坞的名角，它出演了《不可能完成的任务》（*Mission Impossible*）和《家有仙妻》（*Bewitched*）中间的电视广告，还有一大堆电影，比如《安妮日记》（*The Diary of Anne Frank*）和《巨人村》（*Village of the Giants*）。但最让人难忘的是哪部呢？我猜你肯定听说过一部叫《蒂凡尼的早餐》（*Breakfast at Tiffany's*）的影片吧？对了，那就是它！和奥黛丽·赫本联袂出演的那只橘色斑猫，正是在谢尔曼橡树镇的灌木丛里发现的这只又大又凶的公猫。凭借这个角色，在首次获得帕特西奖的十年之后，橘子又成为唯一两次获此奖项的小猫。一个了不起的壮举。一只了不起的猫！直到最后，它仍然对其他主演又抓又咬，对电影公司的高管怒气冲冲，还曾经因为逃跑和躲猫猫而导致拍摄停滞。换句话说……它是个完美的好莱坞专业人士！

　　橘子也为其他有才华的猫咪演员打开了大门，其中包括一只叫赛·A.米斯（Cy A. Meese）的暹罗猫。它在 1959 年与吉米·斯图尔特（Jimmy Stewart）和金·诺瓦克（Kim Novak）一起出演了《夺情记》（*Bell, Book and Candle*），由此赢得了帕特西奖。1965 年，橘子和赛被一位新的猫咪票房冠军给超越了。这是另一个野鸡变凤凰的经典美国故事，一只叫西恩（Syn）的海豹重

Presented to
BABA
Best Feline
-cat-emy Award
2018

点色暹罗猫被一个不想要它的卑鄙主人交给了加利福尼亚州安大略市的一家动物收容所。它就那样被遗弃在了一个昏暗肮脏的笼子里，苦苦煎熬于禁锢之中，心情愈发悲哀，营养日渐不良，直到一名驯兽师注意到了它。这名驯兽师在这只被遗弃的猫身上发现了一些特别的东西。感受到爱意之后，西恩就显出了自己的聪明劲儿，很快就掌握了好些技巧。它后来被带到迪士尼试镜，在《不可思议的旅程》（*The Incredible Journey*）里扮演了一个配角，给迪士尼高管们留下了深刻印象，他们随即就给它提供了猫咪影史上最令人垂涎的角色：《那只讨厌的猫》（*That Darn Cat*）中的主角！

这只曾经的收容所小猫在其中扮演了一名秘密特工，影片一经首映便成为票房冠军。竞争还是有点激烈的——当时恰好有一部名为《音乐之声》（*The Sound of Music*）的电影上映——但不要紧，影迷们就是想看这只猫。《那只讨厌的猫》让

各家影院都挤得水泄不通，将 2800 多万美元收入囊中，最终成为好莱坞的年度并列第五大票房影片。对于西恩的才华，《纽约时报》称"克拉克·盖博（Clark Gable）在其职业生涯的巅峰期都没能这么成功地扮演过一只公猫[1]。"这当然是极高的评价，而它在银幕外也同样大受欢迎，影坛新星们和它的合影都开始见诸报端。噢，你可能会好奇，想知道那个抛弃了西恩的卑鄙主人对他以前养的猫一夜成名有什么感想？嗯，他……哎呀……其实我

1　克拉克·盖博是美国电影男演员，常扮演花花公子的角色，而公猫（tomcat）一词恰有花花公子之意。

不知道，因为也没有人费心去问，这个暴脾气的老头最终湮没无闻，而西恩却在好莱坞的璀璨灯光下尽情逍遥嘞。

我一开始就告诉过你们，我们国家的猫是一种特殊类型的猫，这么多神奇猫咪的神奇故事不就是证明吗？不过我提到的这些猫虽然对提升我们在公众眼中的地位都发挥了重大作用，但还没有哪一只能成为美国猫的表率。在我看来，这一殊荣要归于8号教室（Room 8），一只不起眼的洛杉矶校园猫。我得承认我自己也是洛杉矶猫，所以可能会有人指责我偏心。我当然知道还有很多跟学校、图书馆等学习场所有关的好猫。几乎每个州都会说他们至少有这么一只，有些名气还不小！

1988年隆冬，一只小猫被残忍地遗弃在了艾奥瓦州斯潘塞镇（Spencer）一家图书馆的还书箱。人们在翌日发现它时，它已经被严重冻伤。谁能想到这只在寒夜里被人无情抛弃的小猫长大后会成为世界上最著名的猫咪藏书家呢？在工作人员的护理下，它恢复了健康，人们给它取名为杜威·读书郎（Dewey Readmore Books）。它此后便担任了图书馆馆猫一职，在接下来的18年里都愉快地当值。在此期间，这只橘色斑猫成了镇上最知名的居民，它的幸存故事（和博学多闻）让它结交了世界各地的朋友。

但即使在这类故事里，8号教室也是个独树一帜的特殊存在。它早年的生活和出身无人知晓，总之是它找去了那所学校，而不是学校找来了它。1952年的秋天，它第一次在洛杉矶回声公园附近的爱丽生高地小学（Elysian Heights Elementary）现了身，当时它可能已经有五六岁了。那是个晴朗的日子，同学们课间休息后回到教室，却发现一只无家可归的灰色斑猫溜了进来，还抢走了他们的午餐。毫无疑问，这是一次尴尬的亮相。但如果我对美国猫的典型性格有什么看法的话，那就是我们懂得如何生存——一只饥饿的流浪猫就会做自己必须做的事，而无人看管的午餐无疑是个不错的掠食对象。

同学们都很心烦，这可以理解，于是他们便咒骂起这个闯入者来了。面对这种情形，标准操作本应是掉头就跑，可这只灰色斑猫却待在原地不动，专心地听着大伙抱怨。街头生活的坎坷和打击是了不起的老师，但这只流浪猫现在从孩子们脸上看到了它还没学到的一课。不，跟人类的焦虑无关；相信我，流浪猫对这些全都门儿清。扭曲的怒容掩盖不了孩子们内心的东西：情感上的简单和纯真。比起三明治来，这只猫现在更渴望这一课，它觉得有必要坚守阵地。

那双明亮的大眼睛这时变得更亮了，它一抬头看着同学们的脸，他们的怒气就像一阵突如其来的波浪一样转瞬即逝，随之变成了一汪平静的水。在孩子们清澈的目光里，这只灰色公猫的恶劣行径也无法掩饰它内心的纯洁。他们问老师能否把它留下来，她同意了，因为即使是她那双饱经世事的眼睛也无法对如此清晰的事实视而不见。当然了，孩子们之间藏不住秘密，消息很快就传了出去，有间教室有只猫。据说它既聪明又可爱，会跳到你桌上玩耍。其他班上的同学都想来看看它，由被糟蹋的午餐而结成的纽带如今一下子蔓延到了整个校园。

大家决定给这个新朋友取个名字。既然它是在 8 号教室第一次出现的，那用这个当名字好像也不差。那位老师和她的学生们原本说好了只让这只猫"暂时"留下来，但最后这所学校和这只猫就再没有彻底分开过，一"暂时"就是 16 年，8 号教室的余生都在这儿度过了。在一所小学待了 16 年？这只猫不愧是洛杉矶联合学区历史上最厉害的小跟班，它从没想法子正式入学，每年秋天都会回来蹭同样的课。为免有人说我隐瞒真相，我得承认它的考试成绩很差，而且从没交过作业。但不知怎么回事，没人介意这个学生的成绩。

尽管这所学校接受了 8 号教室，但它一开始就是一只流浪猫，一生都想保持生活的独立性，从没想过要长期住在人类家里。你们人类经常对它故事的这个方面感到迷惑，好像一只猫唯一的愿望就是跟你们住在一起，但 8 号教室在这点上非常固执。它是和这些孩子们结成了一种整体上的纽带，他们不在的时候，它也不大需要你们来陪。学校放学的时候，它可能会在周边的灌木丛里休息，或者钻进附近的山里，在只有我们喵星人才知道的角落、缝隙和背阴的隐蔽处栖身。不过学校早上一上课，它又会跑回来。

那在学校停课的夏天呢？它可能会就此跑掉，人们都不大确定这个不同寻常的小家伙是否还能找到回来的路。噢，但是它总会回来，这 16 年里的每一年都不例外！随着时间的推移，它的归来就成了当地的一项通过仪式，学年伊始，新闻记者们都会到场，等待它的出现。8 号教室从没让他们失望！因为它必须回去：它虽然很独立，却也知道自己在学校的地位。它选择和那儿的孩子们分享自己的生活，而他们共同结成的纽带也最终定义了它天性中的本质。

我得坦率地告诉你，乍一看，你肯定不会觉得 8 号教室很帅，它就是个粗野邋遢的街头小猫。这么说好像有点苛刻，但我并无恶意，因为我们并不是以你们对猫的审美标准来作评判的——孩子们也不是，8 号教室对爱丽生高地小学的同学们来说就是个短小精悍的小子。他们把它奉为榜样，它的形象印上了图书馆的藏书票，还被人在墙上画成了一幅巨大的壁画。它的爪印甚至印在了学校门前的混凝土上，堪比好莱坞电影明星 [1]。8 号教室的故事传开以后，它在洛杉矶以外的地方也出了名，报纸杂志把这只猫和这所学校相互照料的来龙去脉告诉了全国的读者。粉丝信件不久就蜂拥而至，每天都能收到一百多封，同学们孜孜不倦地担起了秘书的职责，因为它好像对自己的信件特别不感兴趣。

通常来说这完全是名人的特权，但实际上，8 号教室已经享有了这样的地位，还是在这个明星之城！当地报纸刊登了人们对它的事迹的评论，还有人给它出了一本书，那是这所学校的校长和一位老师给它写的传记。电视台的工作人员会定期走访这所学

---

1   不少影视明星都会在好莱坞星光大道上留下手印。

校，扛着摄像机在校园里跟着它拍，如果它肯屈尊为国内的观众献上一声喵喵的话，那么麦克风也准备好了。有人甚至还成立了一个以它的名字命名的慈善基金会，专门用来照料其他的流浪猫。

在一颗纯洁之心的指引下，8 号教室打动了它所遇到的那些人的生活，改变了它周遭的世界，透过一种永远无从预测的机制，从一个午餐掠夺者变成了一个社区的灵魂。然而即使是好猫，时光也不会对其显露出丝毫同情，那些年月里的魔力并未能延缓最后的钟声。这钟声是在 1968 年响起的，8 号教室在耄耋之年去世了，享年或许是 21 岁，也可能是 22 岁，不过它从没透露过自己年轻时的秘密，所以没有人能确定哪个是对的。那年是这所学校 16 年来第一次在没有这只猫的情况下开学。你能想象吗？

全校师生无疑都悲痛欲绝，但在 8 号教室离去之后，它的故事反而变得更加引人注目了。这只深受大家喜爱的小猫已不

复存在，但人们对它的记忆不会消亡。同学们首先发行了一期他们自己的小报，专门献给这位老友。不久，人们又把它的画像挂到了 8 号教室的门外，同时颁布了一项规定，要让这幅画像永远光荣地悬挂于此，以纪念它给同学们上过的那堂有关爱和友情的课。

学校周围的人行道体现了大家对它的更大敬意！人们浇筑了新的混凝土，好让同学们给它题词留念。时至今日，只要我们走过，还是可以发现这些印迹，那些充满爱的话语就蚀刻在人们脚下的人行道上。有些是孩子们所作，非常简单。"我们想你，8 号教室，噢，我们真想你。"一个男孩儿写道。一个女孩儿在旁边加了一句："它走进了我们的教室，坐上了我的桌子。我爱它。"另一些同学更有诗意，稍远处有这么一句话："他们说 8 号教室有九条命，你们不信吗？在快乐的孩子心里，这只猫是活着的……永远！"成年人也加入进来，有些还引用了报刊记者的话，这些悼词将它 16 年的奉献连缀成了一条曲折的小径。它们数量太多，没法一一列出，但我还是要说出最后一条，因为我觉得这句话是以最简单的方式概括了我们这位朋友的遗赠："它留下了它的爱，而我们都受到了祝福。"

学校还做出决定，是时候给 8 号教室寻一处长眠之家了。这当然有悖它的天性，它是以流浪猫的身份来到这里的，一生都珍视自己的独立性。不过我觉得这次它应该不会介意破个例。但对

一所小学来说，要给它提供一处专属的最后安息之地，可是一笔不小的开支；他们几乎没有多余的资金来给这只猫置一座坟墓！人们由此举办了一场募捐活动，希望能在洛杉矶宠物纪念公园给8号教室买一块带墓碑的地。那么多人给它献了悼词，或许也有人会掏钱来纪念它呢？

他们当然会啦！募集到的钱远远超过了所需的数目，使得8号教室的墓碑成了整个墓园里最大的之一。你们得知道一点，有些世上最知名的动物就葬在附近，好莱坞传奇名册上的人物都把他们的宠物安葬在了这片神圣的土地：鲁道夫·瓦伦蒂诺

（Rudolph Valentino）[1] 的狗，亨弗莱·鲍嘉（Humphrey Bogart）[2] 和劳伦·白考尔（Lauren Bacall）[3] 或菲利普·雅培（Philip Abbott）[4] 和多洛雷斯·卡斯特洛（Dolores Costello）[5] 养的动物，西部片鼎

1　鲁道夫·瓦伦蒂诺（1895—1926），美国男演员，出演过《启示录四骑士》《茶花女》等。

2　亨弗莱·鲍嘉（1899—1957），美国男演员，出演过《马耳他之鹰》《卡萨布兰卡》等。

3　劳伦·白考尔（1924—2014），美国女演员，出演过《江湖侠侣》《危情十日》等，1945 年与鲍嘉成婚。

4　菲利普·雅培（1923—1998），美国男演员，出演过《迷离时空》等。

5　多洛雷斯·卡斯特洛（1903—1979），美国女演员。

盛时期的名马。此外还有很多富人和名人们娇生惯养的动物伴侣。然而有一只不起眼的流浪猫的纪念碑却超然其上。人们真是把8号教室记在心里了。

直到今天，大家依然对它无法忘怀。人们对它致以的最高敬意是什么呢？我来告诉你吧：8号教室的坟墓一直都是这片墓地里参观人数最多的。咱们讲过不少成就了伟业的猫。有些主演过电影，有些赢得过奖章，还有很多穿行过千山万水。8号教室从没做过这些事——尽管如此，在半个世纪之后，人们依然会来看望它。很多人如今都到了退休年龄，还要来献花、祈祷，或者只是向这只很久以前触动过自己心灵的猫问个好。这只流浪猫对人间只求一件事：一个成为朋友的机会。给它这个机会，它便不再要求更多，也不会再接受更多。

我称8号教室是美国猫的表率，它也确实给我提供了一个喵星人中最完美的形象。想想它的故事吧。它不是那种养尊处优的纯种猫，起初就是个弃儿，在坎坷的城市街道上接受的教育。然而生活的重击从没打乱它的步伐，就像那些创立了这个猫咪合众国的名猫一样，它也在人类社会中赢得了一个位置。它完全保持着猫的独立性，但同时又足够开放，把自己献给了它所选择的人类。虽说初看之下似乎微不足道，但这份简单的礼物最终充实了无数人的生活，让他们都对它永念不忘。

啊，容我说句傲慢的话吧，这就是猫的魔力。古人们看到了

这点，为表达敬意，他们给我们建造了神庙，把我们奉为神明，我希望咱们一起走过的这段旅程也能帮助你重新发现这点。唉，人类其实做得有些夸张了，所以在咱们分别之前，我要告诉你最后一个秘密：我们从来不需要神庙、众神或其他任何谄媚之辞！自古及今，我们想要的不过是一点温柔的抚摸、一些善意的话语和少许餐食。这总是比人类想的要简单得多。

好了，我觉得我说得已经够多了。但是芭芭，你不会现在就要离开我们了吧？噢，朋友们，咱们已经一起走过了很长一段路，但所有的旅程都有终了之时，我不能再拖延了。职责所在啊，有窗户得让我坐，有树得让我爬，有老鼠得让我抓（没错，哪怕这么多个世纪过去了，跟它们的缠斗也从没休止！）。所以只能请你们谅解了，但还是要谢谢你们陪我走了这么远。我希望你们在我们的故事里都找到了你们要找的东西，我甚至希望你们能有更多收获。

不要为咱们的分别而烦恼，因为故事不会就此终结。在这广阔天地的某处，历史仍有待开创，与其靠听故事来体会，不如跟陪伴你们的猫咪一起在创造历史的过程里去经历吧。毕竟，我一开始就说过，历史从来就不是谁能独自开创的，无论你们现在踏上了哪段旅程，我都要祝你们万事如意。我自己、西蒙、特里姆、黑杰克、8 号教室，以及其他所有喵星人——没错，还有利比亚猫——祝你们一路顺风！

DEWEY
1898—1910.
"HE WAS ONLY A CAT"
BUT HE WAS HUMAN
ENOUGH TO BE A GREAT
COMFORT IN HOURS OF
LONELINESS AND PAIN

19 世纪末，美国已经接纳了我们，波士顿动物救援联盟（Animal Rescue League of Boston）所辖公墓里的这块墓碑表达了对一只猫的感激。这只猫抚慰了一个女人，她丈夫是一名陆军上尉，1899 年死于一次爆炸，此后她便开始了寡居生活。

证明猫咪不懒的证据：汤姆的故事登上了各种剪报，连远在东岸的《纽约时报》都刊载了它在 1904 年 4 月向盐湖城行进的经历，《落基山新闻报》则报道了克莱芒蒂娜·琼斯在 1950 年 9 月完成的惊人旅程。

CAT PATROL IN THE CAPITOL KEEPS IT FREE OF ALL MICE

IN the Capitol at Washington there are two cats that are as important as any of the employes in keeping governmental machinery running. They are named Mary and Dirty.

All who remember their "Alice in Wonderland" will recall the conversation between Alice and the mouse, the latter exclaiming: "As if I would talk on such a subject! Our family always hated cats: nasty, low, vulgar things! Don't let me hear the name again."

And, judging from the absence of mice in precincts patrolled by Mary and Dirty, mice and rats in the Capitol feel exactly the same way.

Many can remember when there was no Mary; then from somewhere she appeared and established headquarters in the basement office of David Lynn, the building's superin-tending architect. Mary is not pretty to look at, nor very careful about her personal appearance. She often appears in a soiled coat of white, relieved by dark, brindly splotches. But it is on mousing that Mary stakes her reputation, and it is asserted that her record in that is unequaled in the Capitol field.

Mary starts her day about 4 P. M. by strolling forth from the basement room where she sleeps; from then on until 5 A. M. her movements are known only to herself.

At 5 A. M. she returns to her sleeping quarters to partake of a breakfast of liver offered to her by Mrs. Ida Hughes, forewoman of the Capitol char force.

Dirty is unlike Mary in that she proudly displays her spoils, laying them in proposition at the foot of G. R. King, assistant manager of the Senate restaurant. It was only a short time ago that Dirty was found, a waif, loitering around the subway leading to the Senate office building. She was taken on temporarily, her special assignment being to guard the potato bins in the larder, where she is locked up each night.

Not long ago an adventurous cat, following a fleeing rat, got jammed in the main ventilator shaft of the Supreme Court room. Much discomfort to the Justices resulted and they went on record then as being opposed to cats. But presently a family of rats took possession of some valuable records stored in the basement and proceeded to fortify themselves against hunger by making a place for a quantity of magnolia pods which they brought from the Capitol grounds. These tactics somewhat altered the case and cats are again enrolled on the Capitol watch.

WHERE CATS ARE IN DEMAND.

DUBUQUE, Iowa, April 19.—A new and decidedly novel industry has sprung up in this city. A man is here buying cats, for which he pays from 50 cents to $1 each, according to age and size. He ships them to Dakota, where he sells them for $3 each. They are in great demand there, where they are wanted to destroy the mice which swarm by thousands around the corn and wheat bins, doing great damage. Cats are very scarce in Dakota. Thus far two carloads of cats have been shipped from this city and another load is being secured.

CAT AS AN AID TO WRITERS

Eleanor B. Simmons Finds it Helps to Have One Around.

Cats and successful authorship apparently have nothing to do with each other, but that is just where would-be writers make a big mistake, according to Eleanor Booth Simmons, journalist and author, who spoke yesterday at the hobby luncheon given by the Book-Sharing Week Committee at the Hotel Biltmore.

Undesirable as cats might be to some people, owning one of the quiet and philosophical animals is the first requisite toward turning out a good book, Miss Simmons declared.

Mrs. Sherman Post Haight, who presided, and Warden Lewis E. Lawes are co-chairmen of the committee's campaign to obtain 1,000,000 books for distribution to hospitals, prisons and charitable institutions. Central headquarters of Book-Sharing Week, which runs from April 16 to 23, are in the Hotel Biltmore.

需求旺盛！从边疆到首都，再到文人沙龙，及至20世纪初，所有人都希望把我们留在身边。而且我们担当的不仅是捕鼠匠的传统角色：美国作家和他们的欧洲同行一样，把我们当成了缪斯女神。

UNCLE SAM'S CATS

everal of the watchdogs of the treas-
r who are anxious to cut down gov-
ment expenses so that the government
 have more money to spend have
fer round and found that there is quite
arge item included in the annual ap-
pration bills for cats. The item is not
big as that for pensions or warships
seeds, but it is a muckrakable prop-
tion.

he army allows **$18.25 a year each** for
cats. These cats are provided for
commissary storehouses, etc., and they
e the government much more than
y cost. They catch lots of mice, but
cle Sam has found that no cat will
her best on mice alone; she must
e a little butcher's meat and milk now
 then to vary her diet.

ide for cats' meat for the government
 are regularly let each year, but the
t is five cents a pound; porterhouse
ak is never supplied to the official
s. The postoffice department spends
te a sum each year, all told, to pro-
 for the cats in the big postoffices
 wisely

Board of Education.

Pooli saw action at the
Marianas, the Palau group,
the Philippines and Iwo
Jima. And she became a
shellback when the ship
crossed the equator.

Kirk revealed that when
battle stations rang Pooli
would head for the mail
room and curl up in a mail
sack.

Almost a Casualty

But she nearly became a
wartime c a s u a l t y when
some sailors aboard the
home-bound ship thought of
throwing her overboard aft-
er fearing quarantine in San
Francisco because of her. A
'round-the-clock guard was
given Pooli for t
and she docked
ship and without
Kirk said.

Now, Pooli is
has only her front
she sleeps most o

"But w h e n
younger she ne
battle to any dog
the neighborhood
said.

**Cat Veteran
of War Has
15th Birthday**

A World War II veteran
cat today celebrates her 15th
birthday.

And she can still get into
her old uniform with its
three service ribbons and
four battle stars.

The cat, Pooli, short for
Princess Papule, was born
July 4, 1944, in the Navy
yard at Pearl Harbor, her
present owner, Benjamin H.
Kirk, of 757 W 106th St.,
said.

'Taken Aboard Ship'

Kirk explained that Pooli
was taken aboard the attack
transport USS Fremont
by his nephew, James
Wynwood
list in ad-
s for the

**ARMY CATS BETTER
OBEY ORDERS**

NEW YORK, Dec. 20.—Army
cats had better start obeying
the regulations or they'll be
sorry. Cats not in quarters be-
tween 7:30 p. m. and 6:30 a. m.
at Fort Jay, Governor's Island,
will be kicked right out of the
army into the S. P. C. A. pound,
the commanding officer ordered.

**Bomber to Tote Black Cat
Across the Path of Hitler**

Special to THE NEW YORK TIMES.

WILKES-BARRE, Pa., Aug. 1
—A black cat which R. A. F.
fliers will carry in a bomber
over Germany until it has crossed
the path of Adolf Hitler, was put
on a plane here this afternoon,
bound for Britain by the way of
New York and Canada.

The cat, named Captain Mid-
night, is owned by a Dallas fam-
ily which preferred to remain
anonymous.

The arrangements for the trip
were made through the local
Chamber of Commerce and the
family is paying transportation
costs.

A red, white and blue label
on a crate described Captain
Midnight as "a special envoy."

WAR VETERAN—Pooli, who rates three service ribbons and four battle stars,
shows she can still get into her old uniform as she prepares to celebrate her
15th birthday. The cat served aboard an attack transport during World War II.

我们在军事生活中的关键作用如今已被遗忘，但有些猫确曾（在军中）声名大噪。其
中就包括上校（The Colonel），这是一只在19世纪90年代被派驻到旧金山要塞的公
猫，被人视为陆军史上最出色的捕鼠匠，还有普莉，在海军获得勋章最多的猫。

放松点，中士。你能怪这个教官被他怀里抱着的新兵驯服了吗？毫无疑问，他知道军队欠我们的情——没有现代杀虫剂的日子里，我们一直战斗在抗击啮齿动物的前线。

行动中的间歇：戎马生涯是艰难的，但也不时会让那些出征的小猫感受到温柔和战友情谊。一战期间，这只小猫作为法国第316宪兵队B连的一员正在协助维和。

这是一对真正的先驱：飞行员约翰·莫伊桑特和他无畏的猫咪飞行伙伴菲菲小姐，照片摄于 1910 年左右。据说菲菲乘机飞行过十四次，飞机乘客座下还安装了一个猫砂盒。莫伊桑特被戏称为猫咪机长，这还有什么可奇怪的吗？

And Now Comes "Pepper," a New Photoplay Star

His Salary Is Not Enormous, But He Is Worth It

THE most valuable cat in the world is "Pepper," a half-grown Maltese, who has won name and fame acting in Mack Sennett comedies.

"Pepper" has been insured for five thousand dollars, and is worth a great deal more than that sum. "Pepper's" unique value lies in the fact that there will never be another cat like her. She has the fighting heart of a bull-dog. Like Gunga Din, she "doesn't seem to have no use for fear."

You can discharge a .45 Colt close enough to singe "Pepper's" hair, and all she does is to look around with mild surprise. All dogs she regards with contemptuous indifference.

One day they put fly-paper on "Pepper's" feet. An ordinary cat would have proceeded to go insane. "Pepper" tried several experiments. She tried to bite the fly-paper off. When she found the biting wasn't good, she tried to scratch the paper off with the other leg. Finding there was no merit in that method, she tried to take the fly-paper by surprise. After playing 'possum for a minute, she made a sudden wild leap. But, to her disgust, the vigilant fly-paper leaped right along with her. With that "Pepper" philosophically abandoned the struggle. "Oh, well," "Pepper" seemed to say, "one fly-paper doesn't make a summer."

The most severe trial that afflicts "Pepper's" young life is a white rat which lives at the studio and which also acts in Mack Sennett comedies. "Pepper" considers the rat altogether too familiar. When they act together in comedies, the rat insists upon sticking his pink, quivering nose up to smell around "Pepper's" face. As no well-bred actress cat would consent to kiss a rat, even in the interests of Art, "Pepper" always moves away with a baleful look and a most indignant meow.

The only actor on the lot with whom "Pepper" is not on terms is the little black bear. "Pepper" always gives the bear a most respectful and a very wide berth. Bears are uncertain critters, and no one knows it better than "Pepper." Instinct has informed her that the bear is likely to be taken at any minute with a burning curiosity to know how his big, gleaming teeth would feel sliding around thru a piece of cat. Consequently, when the bear is acting, "Pepper" finds it appropriate to have an engagement with herself up on the roof of the "light" studio.

A ball of yarn conceals almost uncanny delights for "Pepper." She will start to unwind it and roll over and over in the yarn until finally she is all wound up in it—a cocoon with a kitten inside. "Pepper" is a marvelously skillful Nimrod, and she does her fishing by using her tail for a fishing-rod. There is a tank of fish in the studio that will bite on anything in their voracity. she took a huge delight in sticking her tail in the tank and at the first nibble making a quick leap with Mr. Fish clinging to her handy fishing-rod.

Alas! that it must be related, the breath of scandal has involved "Pepper." The whole studio has been shocked by the discovery that "Pepper," altho she has no wedding-ring, has prospects.

NO LETTERS IN "PEPPER'S" MAIL-BOX
(MACK SENNETT COMEDIES)

凭借《电影故事》(*Photoplay*)上的这一形象，以及《影展》(*Picture Show*)、《影片》(*Pictures*)和《影迷》(*Picturegoer*)上的类似文章，胡椒一举成名。对于各地的猫来说，这是意义深远的一步，也是我们重获尊重的标志。哦，等等。除了……胡椒是母的，不是公的。叹气。[1]

1　图中新闻小标题是"他的工资不高，但他配得上"。

从《捉猫笑史》上映时的这幅剧照就能看出橘子的一流演技。雷·米兰德（Ray Milland）在 1945 年获得了奥斯卡奖，简·斯特林（Jan Sterling）在 1954 年获得了金球奖。橘子怯场了吗？不大可能，毕竟它拿过两次帕特西奖，比他们更胜一筹！

好莱坞的新国王。这篇文章在 1951 年 9 月 23 日登上了多家报纸的周日版。《捉猫笑史》票房不佳，但这不是橘子的问题，是剧本配不上它。权威人士对它的表演给予了极高的评价，让它第一次尝到了成名的滋味。

一枚靴猫奖章的原件。至高无上的猫界诺贝尔奖！这个项目终止之时，这枚奖章仍未颁发。对于这一点，我只能说人类太懒，我相信他们本可以在美国广袤的土地上找到另一只当之无愧的猫的。

橘子一举成名之后，好多人来找它做产品代言猫。它的第一个客户是谁呢？不是别人，正是穿靴子的这个牌子的猫粮厂商。至于爪印，不好意思，那是用印章盖上去的。你不会真觉得我们喵星人想让爪子沾上墨汁吧？

MAIL CALL—Sixth-grader Laurie Wong reads one of many fan...
Times photo b...

HE'S STILL COOL CAT

School Paper Sparks
Fan Mail for Room 8

Not every oldster has a flock of secretaries answering more than 100 fan letters a day, but there is a cool old cat out Elysian Park way doing just that.

Large famed locally as The Cat Who Came to Dinner—or rather, lunch —his name is Room 8, official mascot of Elysian

Heights Elementary School. Fourteen years ago he strolled in, raided the lunchbags, and never went home.

Now, in his sunset years, national fame has come his way because The Weekly Reader, a newspaper circulated in grammar school pupils across the

nation, p...
graphs ...
January.

Since ...
poured in ...
ters. Ea...
reply fro...
ity schoo...

A girl ...
Wong, ...
from Al...
written ...
Room ...

"Are ...
girl? it ...
settled d...
as if the...
things de...
any more...

OLD SCHOOL MASCOT, ROOM 8, AND FRIENDS
Death has claimed Elysian Heights tomcat

Herald Examiner Photos

FINAL BELL TOLLS
FOR FAMED TOMCAT

《洛杉矶先驱考察者报》（*Los Angeles Herald Examiner*）给 8 号教室和爱丽生高地小学的一群同学拍下了这张新闻照片。它一直是人们关注的焦点，不过我们也不得不承认，它看起来好像对那天的任务不太耐烦。

跋

铲屎官手记

你们好哇。咱们的讲述者已经走了，作为它的铲屎官，结束语就留给我来写吧。这也不奇怪，因为我已经习惯跟在它后头擦屁股了。

芭芭是我从洛杉矶莱西街的中北动物收容所领养的。这是几年前的事了，不过我发现它的那一刻在我脑海里留下的印象实在太深，所以记忆丝毫没有褪色。我必须非常尴尬地承认，它并不是我在那个命定的日子里想要带走的猫。事实上，我看中的是另一只。那是一位风度翩翩的绅士，一只长毛的银色斑猫，我眼中的挚爱——至少我是这么想的。

我数着还有几天才能领养它，一到约定时间就跑到收容所外等着开门，可我大步走进去领取这个奖品的时候差点心都碎了。工作人员出了岔子，这只银色斑猫被囚禁的那一周，我每天都会去看它，结果他们突然就把它交给了另一个人。带着沮丧的阵痛，我走向出口，经过了一排最近刚被关进来的猫。

忽然有只爪子伸出来拦我。那是一只六个月大的棕色斑猫，它的爪子抓住了我的衬衫，把我拉了过去。行，你还真是个大胆的小家伙呢，我第一次看着芭芭的眼睛时就是这么想的。它虽一言未发，却说明了猫是怎么计划好一切的。是它，而不是那只银色斑猫，被我点名带回家了。

一如既往，猫是最明白的，因为要让我选，我永远都找不到这样合适的伴侣。芭芭是个老成的求学者，事实证明，它对历史的兴趣和我不谋而合。我写书的时候会花好长时间来细读那些破旧的手稿，而这只好奇的猫就会坐在我身边或者我的大腿上，以惊人的专注盯着书页。我永远没法确定它对我们面前的那些字句能看懂多少，但有天出于好奇，我把我正在读的文档颠倒了一下方向。一只爪子迅速伸过来推了推我的手，让我把这些纸页转过来——它很看重这些书面语句，容忍不了这种蠢笨之举。

最终，我们决定，不应该再让我独享所有荣誉，至少在她看来这是一种合作。现在轮到它来当作者了，所以给人类读者写下这部猫史巨著的任务也就落到了它的头上。我发誓要尽我所能地提供帮助，因为大多数图书馆和研究机构都不允许猫进入。（我敢说芭芭肯定会指出这正是它必须写下本书的原因：这些机构是从来没有听说过 8 号教室、杜威或黑杰克吗？）

由于我的责任就是把它可能需要的原始材料放到一旁，所以我想我也可以对这项研究说几句话吧。这些材料不仅包括各种与猫的历史和神话有关的现代书籍（它全都读过），还包括各种特殊文献中留存的重要史料，比如蒙克里夫的《猫史》，没错，连讨人厌的布封伯爵说的那些脏话都有。尤其是旧报纸，这些报纸实在是不可或缺的原始资料。正是靠着这些破旧的纸页，我们才从历史的垃圾箱里找回了19世纪和20世纪的一些成功猫咪的最奇妙的故事，每隔几天我们还会在图书馆的储藏室里翻出一摞摞朽坏的期刊，从中搜罗资料。我们要特别感谢加利福尼亚州圣马力诺的亨廷顿图书馆、加利福尼亚大学洛杉矶分校的图书馆和特藏馆、洛杉矶公共图书馆，还有伦敦的人民兽医药房（PDSA），他们给我们提供了英国皇家海军紫石英号上西蒙的原始照片和相关信息，同时也衷心感谢8号教室所在的爱丽生高地小学。

很多人肯定都对芭芭的照片很好奇。和所有铲屎官一样，给它拍照总是能给我带来某种快乐，但我们最终远远超越了标准的动物摄影，用了不少服装、假发和道具。结果我们的兴趣在这方面也不谋而合。它证明了自己是一个才华横溢的模特，与人类和猫界模特，以及其他任何物种的模特相比，它都毫不逊色。它能表现出包罗万象的神情，扮演好无数类型的角色。

无论如何，这些照片对我们来说都已经不仅是肖像照了。它们就是一种跨物种交流的练习，让我们的关系变得更加紧密，因为是我给它设计了角色，又用我有限的人类手段想出了给它解释所需姿势和表情的办法。出奇的是，它多数时候都理解得完全正确——同样出奇的是，如果它没照我的干，那一般也是因为它对角色的洞察明显比我高明。

现如今它的衣橱已经比我的大多了，这并不是说我怠慢了自己，因为除了最狂热的高级时装爱好者，实际上可能也没有谁的衣橱比它的更大了。但就像一位真正的时尚女士一样，它从来都不穿成衣。它虽喜欢当模特，却对宠物店或网上卖的服装嗤之以鼻，我也一直很同情那些让猫主子穿着这些装束又想拍出像样照片的人。从最娇生惯养的名贵猫到最谦卑的流浪猫，它们对自己的外表都十分自豪，这是猫界的普世真理，我可以向你保证，没有一只猫穿上这样的衣服会摆出好看的姿势。你也许可以这么想想：要是你跟普通的猫一样花了好长时间来梳妆打扮，你会不情不愿地穿上一套难看的十美元小丑服吗？

当然不会了。我很快就吸取了这个教训，于是开始给芭芭定做服装，用精心的裁剪来体现它要扮演的角色，然后它就炫起来了。它有很多服装都是调整过的老式玩偶女装，或者是从泰迪熊的装束改成的。但也有很多服装是完全从头做起的，我这点微不足道的裁缝天赋最终满足不了它的需求了，所以它又在好莱坞的设计师中找到了盟友，他们甘愿将自己的视野聚焦于猫界之内〔对德西雷·赫普（Desirae Hepp）这位猫咪高级时装界的亚历山大·麦昆（Alexander McQueen）[1]，芭芭和我都感激不尽〕。

在过去的几年里，我们还学到了几个诀窍。头围在 14 英寸（约 36 厘米）左右的玩偶假发非常适合猫；衣服的领口要开得更高些，好给猫咪的肩膀留出地方；你知道吗？想把髭须贴在皮毛上，一小段假发胶带就是不二之选，这样既不麻烦，也不会惹恼小猫。对于穿着考究的时尚达猫来说，这可都是重要的小贴士。噢，千万别在有活老鼠的屋子里给一只穿着维多利亚时代女装的小猫拍照（这个说来话长，留给你们去想象吧）。

我想说的是，芭芭和我已经各尽所能了，大家不久也都说我们是完美的一对。的确，我永远都不会否认这一点。我们俩的兴趣和性格特别契合——我并不意外，因为猫很有智慧，我说过，是它选择了我，是它看出了我是它理想的伙伴。我只要聪明到同意带它走就够了。

不过也有人惊叹地说，没有猫会像芭芭那样穿着这种服装还能这么摆拍，对此我只能笑笑。他们怎么知道啊？他们有没有问问自己的猫伴儿呢？在中北动物收容所那命定的一天，我也很难想象它能做到。但是和猫一起生活是个学习的过程，它教会了我很多我原本想不到的事。

我俩最后从这个过程里学到的一课，也希望你们能在本书里有所领悟，那就是猫可以做好多人类预料不到的事；它们需要的只是机会。

1　亚历山大·麦昆（1969—2010），英国著名服装设计师，有时尚教父之称。

参考书目

供深入阅读

最后，芭芭想列出这份推荐阅读清单。研究猫是个累活儿，对人类来说尤甚，但对那些想多了解一点猫史的人来说，这些资料都是很好的起点。

名猫传记

Alexander, Caroline. *Mrs. Chippy's Last Expedition: The Remarkable Journal of Shackleton's Polar Bound Cat*. New York: HarperPerennial, 1999.

Berman, Lucy. *Famous and Fabulous Cats*. London: Peter Lowe/Eurobook, 1973.

Brown, Philip. *Uncle Whiskers*. London: André Deutsch Limited, 1975.

Cooper, Vera. *Simon the Cat (HMS Amethyst)*. London: Hutchison, 1950.

Finley, Virginia and Beverly Mason. *A Cat Called Room 8*. New York: Putnam, 1966.

Flinders, Matthew. *Trim: Being the True Story of a Brave Seafaring Cat*. Pymble, New South Wales: Angus and Robertson, 1997 (reprint of 1733 manuscript).

Myron, Vicki with Bret Witter. *Dewey: The Small-Town Library Cat Who Touched the World*. New York: Grand Central, 2008.

Paull, Mrs. H.H.B. *"Only a Cat" Or, The Autobiography of Tom Blackman, A favourite Cat which lived for seventeen years with members of the same family, dying at last of old age*. London: Elliot Stock, 1876.

猫的历史与相关研究

Altman, Roberta. *The Quintessential Cat: A Comprehensive Guide to the Cat in History, Art, Literature, and Legend*. New York: Macmillan, 1994.

Beadle, Muriel. *The Cat: History, Biology, and Behavior*. New York: Simon and Schuster, 1977.

Choron, Sandra, Harry Choron, and Arden Moore. *Planet Cat: A Cat-alog*. Boston: Houghton Mifflin, 2007.

Clutton-Brock, Juliet. *Cats: Ancient and Modern.* Cambridge, Massachusetts: Harvard University Press, 1993.

Engel, Donald. *Classical Cats: The Rise and Fall of the Sacred Feline*. London: Routledge, 1999.

For Contributing to Human Happiness: Thirty True Stories about Cats who have Received the Puss'n Boots Bronze Award and Citation for Commendable Characteristics and Achievements. Garden City, NY: Country Life Press, 1953.

Kalda, Sam. *Of Cats and Men: Profiles of History's Great Cat-Loving Artists, Writers, Thinkers, and Statesmen*. New York: Ten Speed Press, 2017.

Lewis, Val. *Ships' Cats in War and Peace*. Shepperton, UK: Nauticalia Ltd., 2001.

Malek, Jaromir. *The Cat in Ancient Egypt*. Philadelphia: University of Pennsylvania Press, 1993.

Mery, Fernand. *The Life, History, and Magic of the Cat*, translated by Emma Street. New York: Grosset and Dunlap, 1975.

Morris, Desmond. *Catlore*. New York: Crown, 1987.

Rogers, Katherine M. *Cat*. London: Reaktion Books, 2006.

Sillar, Frederick Cameron and Ruth Mary Meyler. *Cats: Ancient and Modern*. London: Studio Vista, 1966.

Tabor, Roger. *Cats: The Rise of the Cat*. London: BCA, 1991.

Tucker, Abigail. *The Lion in the Living Room: How House Cats Tamed Us and Took Over the World*. New York: Simon and Schuster, 2016.

Van Vechten, Carl. *The Tiger in the House*. New York: Alfred A. Knopf, 1920.

Vocelle, L.A. *Revered and Reviled: A Complete History of the Domestic Cat*. San Bernardino, CA: Great Cat Publications, 2016.

神话、民俗和神秘学中的猫

Briggs, Katharine M. *Nine Lives: Cats in Folklore*. London: Routledge and Kegan Paul, 1980.

Conway, D.J. *The Mysterious, Magical Cat*. New York: Gramercy Books, 1998.

Dale-Green, Patricia. *Cult of the Cat*. New York: Weathervane, 1963.

Dunwich, Gerina. *Your Magical Cat: Feline Magic, Lore, and Worship*. New York: Citadel Press, 2000.

Gettings, Fred. *The Secret Lore of the Cat*. New York: Lyle Stuart Books, 1989.

Hausman, Gerald and Loretta Hausman. *The Mythology of Cats: Feline Legend and Lore Through the Ages*. Bokeelia, Florida: Irie Books, 2000.

Howey, M. Oldfield. *The Cat in Magic and Myth*. London: Bracken, 1993.

Jay, Roni. *Mystic Cats: A Celebration of Cat Magic and Feline Charm*. New York: Godsfield Press/Harper Collins, 1995.

Moore, Joanna. *The Mysterious Cat: Feline Myth and Magic Through the Ages*. London: Piatkus, 1999.

O'Donnell, Elliott. *Animal ghosts; Or, Animal Hauntings and the Hereafter*. London: William Rider and Son, 1913.

Stephens, John Richard and Kim Smith (editors). *Mysterious Cat Stories*. New York: Galahad, 1993.

动物全史

Grier, Katherine. *Pets in America*. Chapel Hill: University of North Carolina Press, 2006.

Henninger-Voss, Mary J. (editor). *Animals in Human Histories: The Mirror of Nature and Culture*. Rochester, New York: University of Rochester Press, 2002.

Kete, Kathleen. *The Beast in the Boudoir: Petkeeping in Nineteenth-Century Paris*. Berkeley: University of California Press, 1994.

Perkins, David. *Romanticism and Animal Rights*. Cambridge: Cambridge University Press, 2003.

Velten, Hannah. *Beastly London: A History of Animals in the City*. London: Reaktion Books, 2013.

Verity, Liz. *Animals at Sea*. London: National Maritime Museum, 2004.

史料与经典猫咪文学

Champfleury, M. *The Cat, Past and Present, from the French of M. Champfleury, with Supplementary Notes by Mrs. Cashel Hoey*. London: G. Bell, 1885.

Drew, Elizabeth and Michael Joseph (editors). *Puss in Books: An Anthology of Classic Literature on Cats*. London: Geoffrey Bles, 1932.

Hoffman, E. T. A. *The Life and Opinions of the Tomcat Murr*, translated and annotated by Anthea Bell with an introduction by Jeremy Adler. London: Penguin, 1999.

Moncrif, Augustin Paradis de. *Moncrif's Cats: Les chats de Francois Augustin Paradis de Moncrif*, translated by Reginald Bretnor. London: Golden Cockerel, 1961.

Patteson, S. Louise, *Pussy Meow: The Autobiography of a Cat*. Philadelphia: Jacobs, 1901.

Repplier, Agnes. *The Fireside Sphinx*. Boston: Houghton Mifflin, 1901.

The Cat—Being a Record of the Endearments and Invectives Lavished by Many Writers upon an Animal Much Loved and Much Abhorred, collected, translated, and arranged by Agnes Repplier. New York: Sturgis and Walton, 1912.

致　谢

特别感谢亨廷顿图书馆（加利福尼亚州圣马力诺）、加利福尼亚大学洛杉矶分校图书馆和特藏馆、洛杉矶公共图书馆、纽约公共图书馆、托伦斯（加利福尼亚州）图书馆和历史学会、丹佛公共图书馆、鲍尔斯博物馆（加利福尼亚州圣安娜）、波士顿公共图书馆、南加利福尼亚大学图书馆、国会图书馆、布克莱藏馆、大英图书馆、加利福尼亚州州立图书馆、伦敦人民兽医药房（伊尔福德）和美国电影艺术与科学学院玛格丽特·赫里克图书馆（加利福尼亚州比弗利山）为剪报和档案材料提供的帮助。

图片来源

未列入下表的原始照片和档案材料均出自芭芭的铲屎官（保罗·库德纳利斯）的藏品。

USS *Nahant* crew with mascots (photo attributed to Edward H. Hart based on negative D4–20049), 1898. Detroit Publishing Company Photograph Collection, Library of Congress Prints and Photographs Division, Washington, DC.

"Rattown Tigers," Louis Prang and Company. The New York Public Library Digital Collections, 1865–1899. From the Miriam and Ira D. Wallach Division of Art, Prints and Photographs: Print Collection, The New York Public Library.

"Thèbes. Karnak. 1–5. Statues de granit noir trouvées dans l'enceinte du sud; 6. Vue du colosse placé à l'entrée de la salle hypostyle du palais," from Jomard, Edme-François, *Description de l'Égypte*, 1821–1828. Rare Book Division, The New York Public Library.

"Thèbes. Karnak. 1–3. Vue et détails de l'un des sphinx placés à l'entrée principale du palais; 4. Détail de l'un des sphinx de l'allée du sud; 5. Petit torse en granit trouvé près de la porte du sud," from Jomard, Edme-François, *Description de l'Égypte*, 1821–1828. Rare Book Division, The New York Public Library.

"Dgi-Guerdgi Albanois qui porte au Bezestein des foyes de mouton pour nourrir les chats," engraving by Gérard Scotin after Jean-Baptiste Vanmour, 1714. The Miriam and Ira D. Wallach Division of Art, Prints and Photographs: Art & Architecture Collection, The New York Public Library.

"Surimono – woman with cat," Yashima Gakutei, 1820. The Miriam and Ira D. Wallach Division of Art, Prints and Photographs: Print Collection, The New York Public Library.

"Cat and dried fish (*Katsuo-boshi*)," Hokuba Arisaka, 1814. The Miriam and Ira D. Wallach Division of Art, Prints and Photographs: Print Collection, The New York Public Library.

"Portrait of Henry Wriothesley, 3rd Earl of Southampton, 1603," Jean de Critz. Broughton House, Northamptonshire, UK, The Buccleuch Collections/Bridgeman Images.

"*Le chat botté,*" Charles Emile Jacque, 1841–1842. The Miriam and Ira D. Wallach Division of Art, Prints and Photographs: Print Collection, The New York Public Library.

"Kitty" from the sheet "Kitty; Peachblow; Beryl; and Pet (Christmas cards depicting young girls with cats, birds, flowers, and hats)," Louis Prang and Company. The New York Public Library Digital Collections, 1865–1899. From The Miriam and Ira D. Wallach Division of Art, Prints and Photographs: Print Collection, The New York Public Library.

"*Le rendes-vous des chats,*" Édouard Manet, 1868. The Miriam and Ira D. Wallach Division of Art, Prints and Photographs: Print Collection, The New York Public Library.

"At the Party," from the sheet "Prints entitled 'At the Party' and 'The Minstrels,'" Louis Prang and Company. The New York Public Library Digital Collections, 1865–1899. From the Miriam and Ira D. Wallach Division of Art, Prints and Photographs: Print Collection, The New York Public Library.

Kiddo aboard airship, 1910. From the George Grantham Bain Collection, Library of Congress Prints and Photographs Division, Washington, DC.

Billet of Company B, 316th Military Police, Ninety-first Division, Montigny de Roi, Haute Marne, France, 1918. War Dept. General Staff. Catalogue of Official A.E.F. Photographs, Library of Congress Prints and Photographs Division, Washington, DC.

John B. Moisant with his cat Mademoiselle Fifi, 1911. Library of Congress Prints and Photographs Division, Washington, DC.

Room 8 in classroom (Art Worden, photographer), 1964. Los Angeles Herald Examiner Photo Collection, Los Angeles Public Library.

译名对照表

Age of the Cat 猫的时代

Aielouros 艾鲁罗斯

ailurophiles 嗜猫癖

ailurophobes 恐猫症

Airship America 美国号飞艇

Akron 阿克伦号飞艇

Albrighton 奥尔布赖顿

Alexandria 亚历山大省

Algiers 阿尔及尔

Alsace 阿尔萨斯

Amenti 阿曼提

American cats 美国猫

American Revolution 美国独立革命

Amethyst, HMS 英国皇家海军紫石英号

Angola 安哥拉

Angora cats 安哥拉猫

Anubis 阿努比斯

Aphrodite 阿佛洛狄忒

Apophis 阿波菲斯

Arctic 北极

Arisaka, Hokuba, print by 蹄斋北马的版画

Artemis 阿尔忒弥斯

Balkans 巴尔干

Baltic Sea 波罗的海

Balzac, Honoré de 奥诺雷·德·巴尔扎克

Barletta 巴列塔

Bastet 巴斯泰托

Baudelaire, Charles 夏尔·波德莱尔

Bell, Book and Candle (film)《夺情记》(电影)

Bertuch, Friedrich, *Bilderbuch für Kinde* 弗里德里希·贝尔图赫的《儿童画册》

Bible《圣经》

Black Death 黑死病

Black Jack 黑杰克

Black Sea 黑海

Blackwall and Poplar 黑墙和白杨

Boleyn, Anne 安妮·博林

Breakfast at Tiffany's (film)《蒂凡尼的早餐》(电影)

British Museum 大英博物馆

Brontë sisters 勃朗特姐妹

Bubastis 布巴斯提斯

Confucius 孔子

Crimean War 克里米亚战争

Crystal Palace cat show 水晶宫猫展

cult of the cat 猫咪崇拜

Cy A. Meese 赛·A. 米斯

Deffand, Marquise du 杜·德芳侯爵夫人

demonic cats 恶魔猫

Descartes, René 勒内·笛卡尔

Deshoulières, Antoinette 安托瓦内特·德祖利埃

Diana 狄安娜

Dickin Medal 迪肯勋章

Diodorus Siculus 狄奥多罗斯·西库路斯

du Bellay, Joachim 约阿希姆·杜·贝莱

Dupuy, Mademoiselle 迪皮伊小姐

Elephant Island 象岛

Elizabeth Charlotte, Princess 伊丽莎白·夏洛特公主

Elizabeth I, Queen of England 英王伊丽莎白一世

Endurance, HMS 英国皇家海军坚韧号

Felicette 费莉切特

feline (term) 猫或猫科动物（术语）

Felis silvestris lybica 利比亚猫

Flinders, Matthew 马修·弗林德斯

Hecate 赫卡忒

Hel 赫尔

Heliopolis 赫里奥波里斯

Henry IV, King of France 法国国王亨利四世

Henry VII, King of England 英格兰国王亨利七世

Henry VIII, King of England 英格兰国王亨利八世

Herodotus 希罗多德

Hex Cat 妖猫

Hinduism 印度教

Hjalmar Wessel 哈尔马韦塞号

Horus 荷鲁斯

Howell the Good, King 善王豪厄尔

Huysmans, Joris-Karl 若利斯–卡尔·于斯曼

Ichigo 一条天皇

Incredible Journey, The (film)《不可思议的旅程》(电影)

Jerry Fox 杰瑞·福克斯

Jindaiji Temple 深大寺

Johnson, Dr. Samuel 塞缪尔·约翰逊博士

Jorntin, John 约翰·乔恩廷

Karluk, HMCS 加拿大皇家海军卡鲁克号

King George V, HMS 英国皇家海军乔治五世国王号

Kitty Billy 小猫比利

Knights Templar 圣殿骑士团

Lake Eliko 埃利科湖号
Lalande, Joseph Jérôme de 约瑟夫·杰罗姆·德·拉朗德
La Mothe Le Vayer, Françis de 弗朗索瓦·德·拉莫特·勒瓦耶
Lao-Tsun 拉瓦兹神庙
Leo XII, Pope 教皇利奥十二世
Louis XIV, King of France 法国国王路易十四
Louis XV, King of France 法国国王路易十五
Louisiana 路易斯安那州
Lovecraft, H. P. 霍华德·菲利普·洛夫克拉夫特
Lundmark 伦德马克
Luxor 卢克索
Lwoff-Parlaghy, Vilma 维尔玛·洛夫-保尔洛

Mack Sennett Studios 麦克·塞纳特电影公司
Madame Vanité 浮华夫人
Maine, Duchess of 曼恩公爵夫人
Majunga 马任加
Mallarmé, Stéphane 斯特芳·马拉美
Maneki-Neko 招财猫
Marie Leszczyńska 玛丽·莱什琴斯卡
Marseille 马赛
Massalia 马萨利亚
Mattioli, Pietro Andrea 皮埃特罗·安德里亚·马蒂奥利

Maximilian II, Holy Roman Emperor 神圣罗马帝国皇帝马克西米安二世

McNeish, Harry 哈里·麦克尼什

Mesopotamia 美索不达米亚

Metz, France 法国梅茨

Micetto 米奇托

Middle Ages 中世纪

Milland, Ray 雷·米兰德

Mina 米娜

Minnie 明妮

Missouri 密苏里州

Miu Oa 大公猫

Moisant, John Bevins 约翰·贝文斯·莫伊桑特

Moncrif, Françis-Augustin de, *Histoire deschats* 弗朗索瓦-奥古斯丁·德·蒙克里夫的《猫史》

Montaigne, Michel de, Essays 米歇尔·德·蒙田的《随笔》

Montfaucon, Bernard de, engraving by 伯纳德·德·蒙福孔的版画

Mount Athos 阿陀斯山

Mourka 墨卡

Muezza 穆耶扎

Mun Ha 蒙哈

Murray, Agnes 艾格尼斯·默里

Nahant, USS 美国军舰纳汉特号

Naville, Henri édouard 亨利·爱德华·奈维尔

Near East 近东

Puss'n Boots Award 靴猫奖

Ra 拉
railroad cats 铁路猫
Raphael 拉斐尔
Rattown Tigers 鼠镇之虎
Reliance, HMS 英国皇家海军信赖号
Rhubarb (film)《捉猫笑史》(电影)
Richard III, King of England 英格兰国王理查三世
Richelieu, Cardinal 枢机主教黎塞留
Richfield Center, Ohio 俄亥俄州的里奇菲尔德中心
Ringling Brothers Circus 林林兄弟马戏团
Ronsard, Pierre de 皮埃尔·德·龙萨
Room 8 8号教室
Royal Society for the Prevention of Cruelty to Animals 英国皇家防止虐待动物协会

Sagamore, SS 酋长号蒸汽矿砂船
Scandinavia 斯堪的纳维亚半岛
seafaring cats 航海猫
Sebastopol 塞瓦斯托波尔
Sekhmet 塞赫美特
Set 赛特
seven-toed cats 七趾猫
Seward, William 威廉·西华德

Waldensians 瓦勒度派教徒

Warman, Cy 赛·沃曼

Weir, Harrison 哈里森·维尔

White Heather 白石南

White House cats 白宫的猫

Whittington, Dick 迪克·惠廷顿

witches, cats and 猫与女巫

Wolsey, Cardinal 枢机主教沃尔西

Wriothesley, Henry 亨利·赖奥思利

Wyatt, Sir Henry 亨利·怀亚特爵士

Ypres, Belgium 比利时伊普尔

Zola, émile 爱弥尔·左拉

作者简介

芭芭是一只短毛虎斑家猫，热爱冒险和历史。体重虽不足九磅，但它内心强大，没有任何猫或人能阻止它得到自己想要的东西。它出生于洛杉矶粗粝的街道上，在艰苦的环境里接受的教育，很小就被关进了城里的动物收容所，终为其人类合著者发现。它的模特生涯始于五年前，此后便在世界各地的网站和书刊上大放异彩，它有几张照片曾在画廊展出，并以海报的形式印行。《猫咪秘史》是它的处女作，它觉得写作是个苦差事，所以本书很可能就是它的收官之作了。它至今仍居于南加利福尼亚州，而且还有个姐妹，它会偷吃人家的猫粮，除此之外完全不理对方。

保罗·库德纳利斯是一位艺术史博士，著有《死亡帝国》（ *The Empire of Death* ）、《圣骸》（ *Heavenly Bodies* ）和《死亡象征》（ *Memento Mori* ），研究的都是死亡视觉文化，其摄影作品还曾在世界各地的画廊和节庆中展出。几年前，他开始研究猫的历史，在这个主题中，他不仅看到了对猫咪价值的确证，也遗憾地发现了一个被忽视的研究领域。作为一名讲述史上猫咪成就的讲师，他也从此走红，频现于电视和电台广播之中，进一步地颂扬它们的德性。

图书在版编目（CIP）数据

猫咪秘史：从史前时期到太空时代 /（美）小猫芭芭（Baba the Cat），（美）保罗·库德纳利斯（Paul Koudounaris）著；李磊译 . —上海：文汇出版社，2022.9

ISBN 978-7-5496-3829-1

Ⅰ.①猫… Ⅱ.①小… ②保… ③李… Ⅲ.①猫—普及读物 Ⅳ.① Q959.838-49

中国版本图书馆 CIP 数据核字（2022）第 123187 号

猫咪秘史：从史前时期到太空时代

作　　者 /［美］小猫芭芭　　［美］保罗·库德纳利斯
译　　者 / 李　磊
责任编辑 / 戴　铮
封面设计 / 汤惟惟
版式设计 / 汤惟惟
出版发行 / **文匯**出版社
　　　　　上海市威海路 755 号
　　　　　（邮政编码：200041）
印刷装订 / 上海普顺印刷包装有限公司
版　　次 / 2022 年 9 月第 1 版
印　　次 / 2024 年 5 月第 2 次印刷
开　　本 / 889 毫米 ×1194 毫米 1/32
字　　数 / 221 千字
印　　张 / 11.75
书　　号 / ISBN 978-7-5496-3829-1
定　　价 / 98.00 元